落实"中央城市工作会议"系列

U0159778

装配式建筑丛书

丛书 主　编　顾勇新
　　　副主编　胡映东
　　　　　　　张静晓

装配式建筑施工
结构·内装

Prefabricated Building Construction

顾勇新　胡建东　编著

中国建筑工业出版社

顾勇新

中国建筑学会监事（原副秘书长）；中国建筑学会建筑产业现代化发展委员会副主任、中国建筑学会数字建造学术委员会副主任、中国建筑学会工业化建筑学术委员会常务理事；教授级高级工程师，西南交通大学兼职教授。

具有三十年工程建设行业管理、工程实践及科研经历，主创项目曾荣获北京市科技进步奖。担任全国建筑业新技术应用示范工程、国家级工法评审及行业重大课题的评审工作。

近十年主要从事绿色建筑、数字建造、建筑工业化的理论研究和实践探索，著有《匠意创作——当代中国建筑师访谈录》《思辨轨迹——当代中国建筑师访谈录》《建筑业可持续发展思考》《清水混凝土工程施工技术与工艺》《住宅精品工程实施指南》《建筑精品工程策划与实施》《建筑设备安装工程创优策划与实施》等著作。

胡建东

上海泛在企业管理有限公司首席咨询师，上海市虹口区政协委员、上海市虹口区领军拔尖人才、民盟虹口区区委民营企业家委员会主任。

曾经为多家国内外知名企业提供培训、管理咨询，是上海外服集团常年管理顾问；曾任上海兴安得力软件公司总经理，期间实现以20倍PE，3.2亿与广联达股份（002410）并购。

2010年，和何伟杰先生（富士通亚太区运营总监、人工智能专家、复旦大学客座教授）共同撰写《给企业以生命——构建进化型组织》，用复杂适应系统 CAS（Complex Adaptive System）的理念对"管理"进行了原创性的诠释，并在国内系统性地提出"进化型组织"概念（见百度词条）；"进化型组织"强调企业应该构建"开放系统"，开放系统具备自适应和自组织的能力，只有能够持续适应外部环境的企业才是好的企业，企业在适应过程中被证明有效的自我改变就是进化。

2013年，与时任中国建筑学会副秘书长顾勇新教授走访了四十多家建筑业特级资质企业，共同撰写《建筑业可持续发展思考——2010—2013建筑业标杆企业解析》。

总序

———

顾勇新

党的十九大提出了以创新、协调、绿色、开放和共享为核心的新时代发展理念，这也为建筑业指明了未来全新的发展方向。2016年9月，国务院办公厅在《关于大力发展装配式建筑的指导意见》(国办发 [2016] 71号) 中要求："坚持标准化设计、工业化生产、装配化施工、一体化装修、信息化管理、智能化应用，提高技术水平和工程质量，促进建筑产业转型升级"。秉承绿色化、工业化、信息化、标准化的先进理念，促进建筑行业产业转型，实现高质量发展。

今天的建筑业已经站上了全新的起点。启程在即，我们必须认真思考两个重要的问题：第一，如何保证建筑业高质量的发展；第二，应用什么作为抓手来促进传统建筑业的转型与升级。

通过坚定不移走建筑工业化道路，相信能使我们找到想要的答案。

装配式建筑在中国出现已60余年，先后经历了兴起、停滞、重新认识和再次提升四个发展阶段，虽然提法几经转变，发展曲折起伏，但也证明了它将是历史发展的必然。早在1962年，梁思成先生就在人民日报撰文呼吁："在将来大规模建设中尽可能早日实现建筑工业化……我们的建筑工作不要再'拖泥带水'了。"时至今日，随着国家对装配式建筑在政策、市场和标准化等方面的大力扶持，装配式技术迈向了高速发展的春天，同时也迎来了新的挑战。

装配式建筑对国家发展的战略价值不亚于高铁，在"一带一路"规划的实施中也具有积极的引领作用。认真研究装配式建筑的战略机遇、分析现存的问题、思考加快工业化发展的对策，对装配式技术的良性发展具有重要的现实意义和长远的战略意义。

装配式建筑是实现建筑工业化的重要途径，然而，目前全方位展示我国装配式建筑成果、系统总结技术和管理经验的专著仍不够系统。为弥补缺憾，本丛书从建筑设计、实际案例、EPC总包、构件制造、建筑施工、装配式内装等全方位、全过程、全产业链，系统论述了中国装配式建筑产业的现状与未来。

建筑工业化发展不仅强调高效，更要追求创新，目的在于提高品质。"集成"是这一轮建筑工业化的核心。工业化建筑的起点是工业化设计理念和集成一体化设计思维，以信息化、标准化、工业化、部品化（四化）生产和减少现场作业、减少现场湿作业、减少人工工作量、减少建筑垃圾（四减）为主，"让工厂的归工厂，工地的归工地"。可喜的是，在我们调研、考察的过程中，已经看到业内人士的相关探索与实践。要推进装配式建筑全产业链建设，需要全方位审视建筑设计、生产制作、运输配送、施工安装、验收运营等每个环节。走装配式建筑道路是为了提高效率、降低成本、减少污染、节约能源，促进建筑业产业转型与技术提升，所以，装配式建筑应大力推广和倡导EPC总包设计一体化。随着信息技术、互联网，尤其是5G技术的发展，新的数字工业化方式必将带来新的设计与建造理念、新的设计美学和建筑价值观。

本丛书主要以"访谈"为基本形式，同时运用经典案例、专家点评、大讲堂等方式，努力丰富内容表达。"访谈录"古已有之，上可溯至孔子的《论语》。通过当事人的讲述生动还原他们的时代背景、从业经历、技术理念和学术思想。访谈过程开放、兼容，为每位访谈者定制提问，带给读者精彩的阅读体验。

本丛书共计访谈100余位来自设计、施工、制造等不同领域的装配式行业翘楚，他们从各自的专业视角出发，坦言其在行业发展过程中的工作坎坷、成长经历及学术感悟，对装配式建筑的生态环境阐述自己的见解，赤诚之心溢于言表。

我们身处巨变的年代，每一天都是历史，每一个维度、每一刻都值得被客观专业的方式记录。本套丛书注重学术性与现实性，编者辗转中国、美国和日本，历时3年，共计采集150多小时的录音与视频、整理出500多万字的资料，最后精简为近300万字的书稿。书中收录了近1800张图片和照片，均由受访者亲自授权，为国内同类出版物所罕见，对于当代装配式建筑的研究与创作具有非常珍贵的史料价值。通过阅读本套丛书，希望读者领略装配式建筑的无限可能，在与行业精英思想的碰撞激荡中得到有益启迪。

丛书虽多方搜集资料和研究成果，但由于时间和精力所限，难免存在疏漏与不足，希望装配式建筑领域的同仁提出宝贵意见和建议，以便将来修订和进一步完善。最后，衷心感谢访谈者在百忙之中的积极合作，衷心感谢编辑为本丛书的出版所付出的巨大努力，希望装配式建筑领域的同仁通力合作，携手并进，共创装配式建筑的美好明天！

序

叶明

改革开放40多年来，我国建筑业取得了突飞猛进的发展，建造能力不断增强，产业规模不断扩大，吸纳了大量农村转移劳动力，带动了大量关联产业，有力支撑了国民经济增长，为经济社会发展、城乡建设和民生改善做出了重要贡献。特别是"十三五"期间，无论是小康社会目标的实现，还是城镇住宅建设和危旧住房改造；无论是加快城镇化进程，还是关系国计民生的各种大型基础设施建设；无论是长江经济带建设，还是粤港澳大湾区建设，都离不开建筑业。

成绩固然可喜可贺，但是我们要清醒地看到，我国建筑业与世界先进国家的差距依旧是全方位的，发展的很大程度是依赖于中国巨大的市场以及资源的投入，传统粗放的发展方式仍没有发生根本性改变，产业大而不强、产业基础薄弱、产业链割裂、价值链断裂、产业工人技能素质偏低、建筑质量品质不高、施工安全事故时有发生、生产效率与效益低下，这些问题都严重困扰着建筑业实现"中国建造"的进程。

追根溯源，我国建筑业在很大程度上仍然没有摆脱传统路径的依赖，依旧受限于早期计划经济体制下设计、生产、施工和运维条块分割的机制影响，然而，进入新时代，随着新一轮科技革命和产业变革的迅猛发展，以及劳动力短缺、人工成本提高的现实，建筑业目前存在的诸多问题，已充分反映产业可持续发展能力不足，各种潜在矛盾已复杂地交织显露，瓶颈制约越发严重，即表明建筑产业粗放式、规模化的经济高速增长之路已难以为继，同时也表明我国建筑产业发展进入了必须要转型升级的重要历史关头，要求我们必须重新审视传统的"行业"思维方式和发展路径的弊端，从"产业"的视角和思维，深入研究我国建筑业的一系列根本性认识和内在规律问题，探索我国建筑业转型升华之路。

产业转型升级需求创新发展的驱动力，中共中央国务院《关于进一步加强城市规划建设管理工作的若干意见》明确提出，发展新型建造方式，力争用10年左右时间，使装配式建筑占新建建筑的比例达到30%。发展装配式建筑是建造方式的重大变革，是贯彻新发展理念、促进建筑业转型升级、实现高质量发展的重大决策部署。多年来，在国家和地方政策的大力推动下，装配式建筑实现了大发展，标准体系逐步完善，技术创新层出不穷，企业热情空前高涨，示范项目遍地开花。一大批有识之士的先行者，抓住装配式建筑发展的机遇，积极创新、勇于实践，取得了一系列技术成果和成功案例，这些都为中国的建筑业转型升级点亮了前进的道路，积累了宝贵的经验。他们的成功实践、所思所想，不仅仅成了他们个人的财富，更成了产业发展的知识和力量，这也正是这本《装配式建筑施工》的初衷！

　　顾勇新教授和胡建东先生站在新时代发展的风口浪尖上，根据几十年对建筑事业的热情和追求，通过孜孜不倦地努力，跑遍大江南北，收集装配式建造和内装的经典案例，和当事人深入访谈与交流，收集了这十个优秀案例，并经过所想所感的思考升华，把握当前建筑业转型升级和高质量发展的新要求，针对装配式建筑发展的新理念、新技术、新方法，具有较强的系统性、示范性和指导性，这对于当前我国装配式建筑发展、建造方式变革无疑是具有重要指导意义，必将为读者带来全新的认识和冲击，也相信本书的出版发行，一定会为我国建造方式变革及建筑业改革发展起到积极的引导和促进作用。

　　每个时代都负有其特定的使命，进入21世纪以来，中国的高铁、互联网、新能源汽车、5G产业纷纷崛起，创造了世人瞩目的中国力量，他们无一不是以"革命"的视野和决心，不破不立，没有对传统模式的决绝就不会有新事物的重生，沉疴已久的建筑行业亦当如此！

　　感谢这个时代的造就，祝愿《装配式建筑施工》能深入人心，让建筑产业现代化的星星之火终成燎原之势，推动我们这个古老的产业焕发出时代的新生！

中国建筑学会建筑产业现代化发展委员会秘书长

教授级高级工程师　　叶明

前言

胡建东

装配式建筑是对传统建筑的反思，也是对传统建筑的升级，它带来了从设计、构件生产、部品生产、现场建造、维护保养乃至拆除的建筑物全生命周期的革命。它对系统思维的追求贯穿始终，无论从哪个阶段的视野进入，以终为始、全局思维的要求始终是装配式建筑对传统观念的冲击。

有意思的是，这种革命思潮的呼声似乎越来越响彻于末端，也就是来自于现场建造的对于设计端改变的呼唤显得更加迫切。也许，一贯疏于先期策划、信奉"一事一议"的传统思维让现场建造商成为最终矛盾的爆发点，显然相较于传统的建筑类型而言，装配式建筑临场处置的代价要高得多。从这个意义而言，装配式建筑改变的不仅仅是建筑行业，更是对中国人根深蒂固的"计划不如变化快"的思维定式的颠覆。

继《装配式建筑对话》《装配式建筑设计》《装配式建筑案例》《装配式建筑EPC总包管理》出版后，《装配式建筑施工》如约而至。

本书以建造端的视野，分别从装配式结构总承包项目组织和内装项目组织的角度，收集了十位业界佼佼者的案例，他们分别是李国建、王东锋、蒋杰、李磊、范振江、汪斌、李文、马国朝、向宠、姜延达。从他们各异的职业背景、成长经历到成功案例，分享他们的心得和反思，以及他们对于行业未来的展望和呼声，是不可多得的第一手资讯，对于未来装配式建筑的走向，是极富前瞻性的洞见。这不仅仅是一场思想盛宴，十位主角带来的详尽的装配式案例介绍也是从业人员不可多见的学习资料！

李国建的苏州现代传媒广场，作为园区开放式城市文化综合体地标项目，获得了中国土木工程詹天佑奖、鲁班奖、钢结构金奖、金钢奖特等奖、住建部绿色施工科技示范工程、全国节能减排竞赛金奖，相关技术成果获得了华夏科技一等奖等；王东锋的西安三星项目主厂房核心区主体结构是国内第一例装配式高科技电子厂房，1.5万m³的PC构件需求量、主体结构工期仅有203天；蒋杰的坪山会展项目，12个月完成大体量建筑实现业主汉唐复兴建筑风格、准五星级酒店、以会带展功能的运营目标，运用了自主研发的"装配式智能建造平台",获得了深圳市优质工程金牛奖、广东省优质工程金匠奖、住建部科技示范项目、2020年度鲁班奖等诸多荣誉;李磊的前滩5栋16层住宅楼,均采用装配整体式剪力墙结构体系,单体预制率超过40%,该项目培养造就了中建八局一批装配式施工的综合管理人才和施工专业技术工种;范振江的静安府高档住宅小区项目是上海市中心近十年来首个近70万m^2超大体量整体开发的国际住宅区,先后获得了上海市装配式建筑示范项目、上海市静安区优质结构工程、上海市静安区绿色施工工地、上海市"白玉兰奖"、上海市静安区优质工程(静安杯)称号。

装配式内装案例是装饰行业在装配式领域的先行者。汪斌的位于成都武侯区"当代·璞誉"豪装商住项目,采用了全球领先的全工业化装配式内装技术平台,囊括14大核心技术系统,研发拥有专利2367项,实现了内装领域技术的全覆盖。以32万m^2的认证面积,成为WELL国际认证迄今为止国内最大住宅建筑认证注册项目,并于2021年获得了国际WELL健康建筑金级中期认证;李文的长圳项目是率先在华南区域推行的装配式内装项目,长圳项目是目前全国规模最大的装配式公共住房项目,计划于2021年下半年建成,提供9672套住宅、8种户型,实现"打造国家级绿色、智慧、科技型公共住房标杆"的规划目标。

事实上,装配式内装不仅仅是一种全新的内装施工方式,更是人们对于传统装修的认知模式的再造,通过内装模块组合使原有空间灵活可变,一房、二房、三房,根据主人的需求而变化,把家变成"会生长的房子""聪明的房子",那将是一种怎样的全新体验?本书的另外三位专业人士带来了这些超越传统装修的认知,马国朝的中森HIGA建筑工业化装配式体系、向宠的品宅的装配化式内装系统,以及来自日本的姜延达对日本装配式理念的介绍,将装配式内装理论体系的建立和商业推广提上了一个新的高度,他们的探索是内装从业人士不可不听的金玉良言。

"他山之石,可以攻玉",他们的经历不仅是他们个人的宝贵财富,也是建筑行业的宝贵财富。他们的成功,也必然为装配式大潮中每一位努力前行的人们带来激励!这也是本书编者的初心和苦心。

"一灯照隅,万灯耀国",如果说这每一个案例就像一盏明灯,照亮一个角落,那么希望本丛书系列的推出,能让这些明灯照亮更多的地方,最终让中国建筑的转型升级之路充满光明和希望!

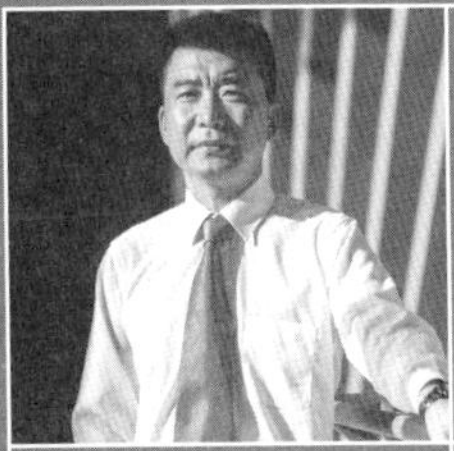
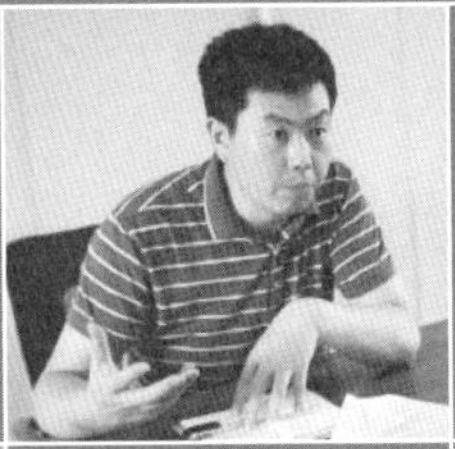
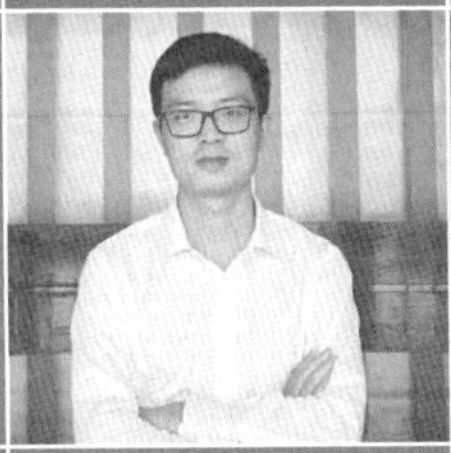
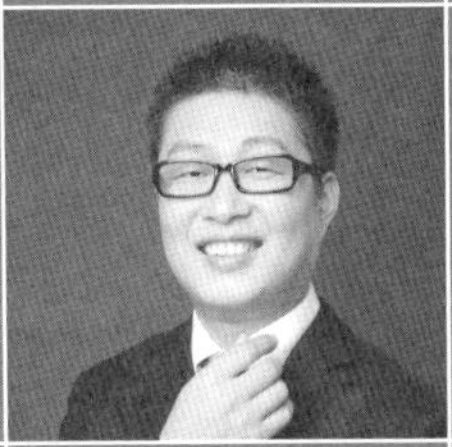
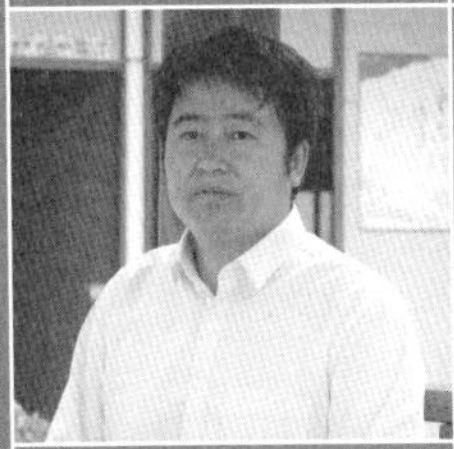
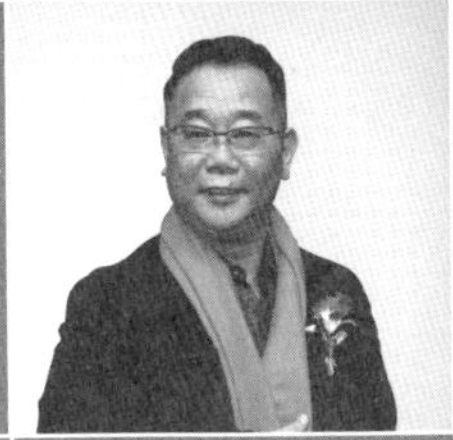
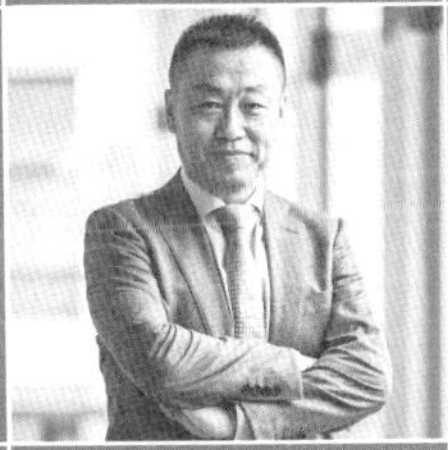
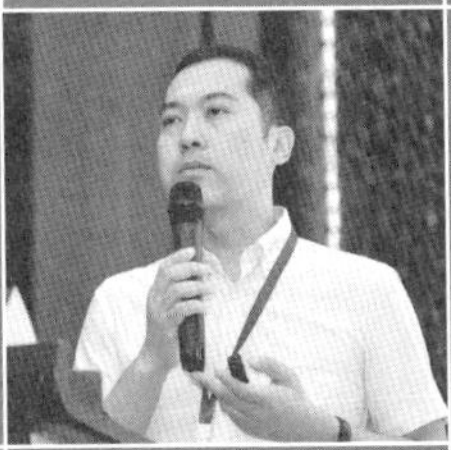
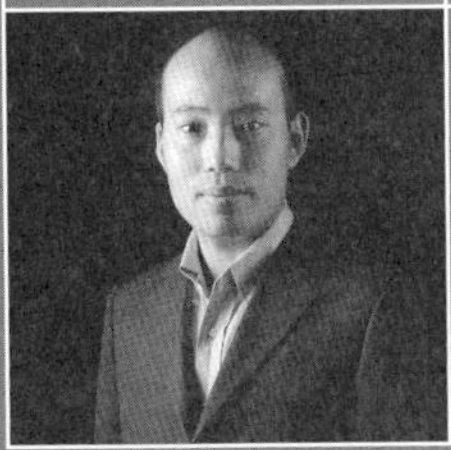
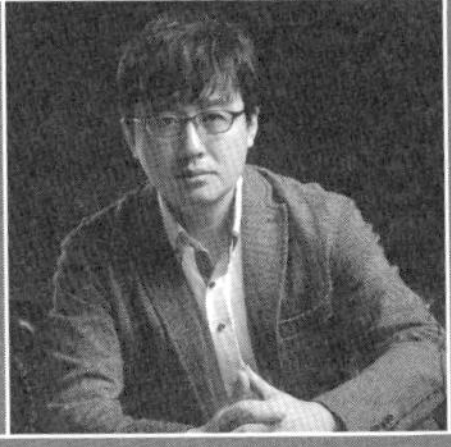

目录

结构

李国建

中亿丰建设集团股份有限公司总工程师，研究员级高级工程师，国家一级注册建造师、住建部协同创新委员会专家、江苏省土木建筑学会总工工程师工作委员会主任委员。全面主持负责企业及项目的技术质量管理、科技创新、EPC设计咨询、数字建造、产业化技术发展等工作。任项目经理的苏州现代传媒广场工程获中国土木工程詹天佑奖，相关研究成果获华夏建设科学技术奖一等奖，具有丰富的包括装配式建筑在内的大型项目全专业管理经验。

参与编制国家住建部《"十四五"住房和城乡建设科技发展规划》，负责多项省部级、企业相关课题和标准研究，包括江苏省建设系统科技项目"苏州现代传媒广场综合体建造关键技术研究与应用""新型双面叠合剪力墙结构关键技术研究应用""装配式组合框架新结构体系成套技术研究"；参与编写江苏省住建厅《装配式混凝土建筑技术手册》；撰写产业化相关论文3篇。

管理理念

以系统、平台、跨界思维指导项目建造

项目负责人作为项目实施的主要引领者，应以理论研究为导向，充分培养其与团队在产业化领域的优化设计、风险预控、施工技术优化等方面的优势，三位一体地进行深层次培养，凝聚和培养一支高水平的架构合理、优势互补、团队协作、具有较强凝聚力和创新精神的产业化领域研究开发的技术创新人才队伍。同时积极与高校、科研单位、标杆企业进行交流与资源共享，依托平台展开系统性的合作。

访谈照片一

访谈

Q 请简单介绍一下你的工作背景。你是如何接触装配式建筑的?

A 我从1998年大学毕业开始,就进入了中亿丰建设集团,到现在有20年了。进入工作单位后在当时的三分公司,从基层施工员、技术负责人、项目经理,再到主任工程师,就这样一步一步成长起来。集团的一些大型项目,需要集团派总指挥去挂帅,我就被选派到一些大型项目上去做项目总指挥。从2012年开始,我开始担任苏州现代传媒广场项目的项目经理,这个项目影响力还是非常大的,是当时苏州国有单位投资额度最大、体量最大的一个文化产业综合体项目,也是中亿丰进入装配式领域的第一个典型的项目。

Q 现代传媒广场作为装配式建筑有哪些特点?

A 现代传媒广场项目的建筑方案由日建设计,装配式特点主要体现在按需配置,比较理性、实在。从这个项目上,我感觉并不需要为达到多少装配率,反推要做多少装配式构件,而应该基于怎么有利于结构的合理、怎么有利于造价的控制和施工的简便来选择采用装配体系。

这个项目选用了几个非常合适的装配式体系。第一个是重钢结构的装配式体系，建筑方案设计空间布置比较灵动，有很多演播厅等大空间，需要实现一些大悬挑、异形、曲面结构，采用钢结构具有很大的优势。比如演播楼与主楼间的凌空巨型桁架，跨度34米，包含了600人的演播厅，南北两侧为大悬挑玻璃盒子，如果用普通混凝土结构，会非常笨重，采用多层钢桁架加开洞钢板剪力墙结构，就很好地解决了问题。这是国内外首例开洞钢板剪力墙巨型桁架结构。结构位于主辅楼之间，存在差异沉降，按照常规，需要等到沉降稳定以后才能进行连接，我们的做法是首先在安装阶段协调它的沉降，尽量减少沉降差。其次就是用预估沉降差的方法，由桁架自身刚度去抵抗次生应力，采用放抗结合的原理。

第二个是巨型桁架上部的一个中庭开放空间，采用的是悬链线状钢屋盖，是一个比较柔性的结构，弧长70米，上下支座高差40多米，采用了上下轨道大高差条件下累计滑移的安装技术，也是国内外首次。

第三个是两楼之间开放的市民空间上空的M形透风雨幕，具有风向诱导及雨水回收的功能。考虑到协调两幢不同结构体系大楼在地震时的位移影响，采用了市政交通领域用得较多的隔震铅芯橡胶支座来减小地震作用，整个结构也采用的是预应力拉杆、U形梁、边桁架组合钢结构形式，通过自身变形释放基座结构施加的变形。M形屋架上安装4000多块形态各异的雨幕玻

悬链线状钢屋盖

璃，由于玻璃尺寸需要考虑屋架模型和实体差异，采用3D扫描技术对空间坐标点进行扫描，逆向比较，互相映射修正，工厂生产采用条形码跟踪技术，每块玻璃的加工精度都非常高。

除了以上几个部位的创新体系，主楼的主体结构高度214.8m，采用钢筋混凝土核心筒+外钢框架结构形式。核心筒由于整体性要求采用爬模现浇施工，外围为钢柱、钢梁及钢筋桁架楼承板的钢结构装配式施工，核心筒部位爬模采用内外同爬体系，塔吊也是内爬形式，再借助布料机去浇筑混凝土，这些工艺已经非常成熟，工业化的水平也非常高，所以整个项目的装配式理念主要还是按需配置。

Q 传统项目与既有现浇、又有装配式的项目差异在哪里？

A 首先，装配式是大势所趋，在目前中国劳动力紧缺的情况下是一个大方向。我们不能用目前的一些困难去否定它。其次，就是从我本人参与的一些装配式项目，以及正在推进的一些装配式工作中，觉得目前国内的一些装配式体系其实很早已经在用。比如说钢结构，它也是装配式的一种，现在钢结构项目很多，为什么PC装配式在推进的过程当中遇到这么多阻力？用两个体系作比较，因为钢结构生产工艺已经相对成熟，精度的要求是毫米级，我们在做钢结构体系时已经习惯了。包括连接方式的要求，如钢结构焊接，对焊工的素质有工艺评定，有比较成熟的工人基础、技术基础、市场基础，已经不去怀疑它的质量。

回过头来看我们的PC，现在有这么多PC工程，我们集团也开设了PC工厂。很多PC工厂的理念是用建筑的理念去开工厂，建筑的理念很多是厘米级的。PC工厂如由施工企业投资，施工企业的人去管理，还是习惯于粗犷型的管理，精度难以满足要求。我们最近在筹建PC二厂，到底选择国产线还是进口线，进口线一直被诟病，为什么？不是它设备不好，它的精度高，价格也高，但是它不适合我们的体系，工厂工人素质、现场条件等没法满足要求。我们PC现场安装工人的素质还没有形成，钢结构吊装水平现在非常高，司索工等特殊工种水平已经达到要求，但PC现在还没有。现在不断地研发各种PC的连接方法，就是为了消除这些质量隐患。现在有些PC体系，还是需要用到现浇板和支模，一些围护体系构件也非常笨重，现场吊装困难，我觉得还是要用系统化的思维去解决这些问题。

Q 关于装配式项目施工前期策划方面有什么可以分享的？

A 这个项目我体会很深的一个就是项目的前期策划，这点往往是被一些中国企业所忽视的。设计院提供的图纸，主要针对的是一个建筑完成后的状态，而我们需要从施工角度，考虑更多的施

中庭开放式交流空间

M形预应力钢结构透风雨幕

工可行性与便利性，进行施工的流程、方法的策划，也就是施工技术路线的确定，比如钢结构施工方法是用滑移还是提升，需要考虑施工工况对施工图的影响，施工过程中的受力工况是否满足结构承载力要求，这也是国内为何要推EPC总承包模式。

第二个就是深化。在这方面，现在国内是不给额外的时间与费用的，但这是总包单位必须做的事情，我们这个项目图纸的深化和设计院配合得还是比较好的，比如钢结构的钢柱分段、梁柱节点穿筋孔、连接板等的深化设计，需要考虑运输、安装变形，形成了一套深化的流程。我们有一本指导书，这也是我们向日方设计单位学习得来的。在日本会给总包单位时间、费用去做前期深化。以本项目为例，施工图完成后一般需要一年时间，完成整个项目各专业的深化。

第三，只有把策划和深化这两个工作做完以后，才能谈到优化，它有哪些不合理的地方，进行一个体系的优化，包括节点的优化。施工单位提优化往往会引起设计单位的反感，当时我们提的这个项目最大的一个优化，就是楼层板的优化，采用钢筋桁架楼承板，可以减少8万m²的支模面积，最终也被采纳了，施工效率得到了提升。这可能会增加一些成本，但带来的质量、时间上的隐性效益都是没法以费用去衡量的。

Q 策划、深化、优化有没有关键注意点，可以避免犯错？

A 有的。比如施工技术路线，对整个结构体系带来的影响。像本项目多层的凌空巨型桁架，看似一个非常复杂的结构，但是它的受力机理是非常清晰的，荷载是如何传递的，先要分析结构的受力机理。第二就是确定施工顺序。安装的顺序也决定了加工的前后顺序。这个巨型桁架最先提出的是采用整体提升法，需要对提升点进行结构复核验算，还需要对安全性、经济性进行综合比选。后来考虑也可采用胎架原位拼装的方法，但采用这个方法会产生很多节点设计、施工工序的问题；此外，我还考虑过进行滑移法安装。不同的技术体系的确定，对整个施工带来的影响巨大。最终我们否定了整体提升的方法，因为不经济，提升高度低，还需要加固很多构件。

技术路线解决了，就是大方向体系方面的策划，然后再到深化。本项目需要深化安装连接的节点。由于多层巨型桁架横跨在主辅楼之间，两端沉降差异大了，产生变形怎么办？连接节点采用焊接还是高强螺栓连接等经过方案的反复讨论，也邀请了很多专家进行论证，采用了一个非常巧妙的办法，即在合拢段部位的胎架底部设置沙漏形式的可调支座，原理简单却解决了非常重要的问题。

办公塔楼钢筋混凝土核心筒+外钢框架结构施工

项目焊接工艺评定

Q　请介绍一下你在装配式施工过程中的体会。

A　一是深化很重要，前面已经提到很多；二是工厂方面的对接，不管是钢结构还是PC构件生产的质量都很重要；三是对于大型项目来说，工厂产能的调配也很重要。可能出问题的地方，要么是供不上，要么就是供不对；四是现场施工机械的配置。国产设备便宜但容易出现故障，进口设备性能方面虽然较好，但维修周期长。还有就是现场配套资源是否到位，像现场临时用电量、焊接工人数量等。本项目当时高峰期工人数量达到1200人以上，钢结构安装一个月完成工程量为7800吨。

Q　项目最终成果有哪些?

A　主要是三个方面的成果，一是项目成果。本项目获得了一系列的科技、质量、绿色施工等方面的成果，主要包括：中国土木工程詹天佑奖、鲁班奖、钢结构金奖、金钢奖特等奖、住建部绿色施工科技示范工程、全国节能减排竞赛金奖，相关技术成果获得了华夏科技一等奖。二是人

钢筋桁架楼承板

合拢段两侧拼装胎架顶部可调节支座

才培养。我本人通过这个项目升任集团公司总工程师,还有当时的几个专业项目经理、技术负
责人都走上了分公司经理、技术经理等重要岗位。三是社会效益。现代传媒广场作为园区重要
的开放式城市文化综合体地标项目,现在已经为苏州市民所熟知,为市民提供了一个令人满意
的公共活动空间。

图1　项目全景

苏州现代传媒广场项目总承包工程

1. 项目定位

现代传媒广场位于苏州工业园区金鸡湖中央商务区，是苏州国有单位投资额度最大的文化产业项目。作为苏州广播电视总台新址的现代传媒广场，被定位为苏州城市新地标、文化产业新载体、广电发展新平台。建筑群体包括超高层智能型办公楼、演播楼、酒店楼、商业设施及市民广场等。地块内商业与城市东西商业发展主轴相贯穿利于未来发展，将地块内广场作为集各种功能于一体的综合性开放空间，衔接以西主导商业文化的广场和以东主导社区文化的广场。身处金融商圈核心，三公里范围内有超过130个银行网点，囊括国内知名银行，地理位置优越。同时交通十分便利，项目楼顶配有商务直升机停机坪，轻轨1号线南施街站2号出口与广场商业区和写字楼无缝对接。

图2　户外透风雨幕造型寓意传统丝绸

2. 项目概况

　　苏州现代传媒广场为超高层复杂钢结构综合体建筑，占地面积37749m²，总建筑面积为330718m²，整个项目由两栋L形塔楼组成，中间以M形户外顶棚相连。办公楼高214.8m，共43层，为苏州市广电总台总部及国际甲级写字楼，采用核心筒钢框架结构体系，其裙楼演播楼部分为广电总台技术用房，采用重型全钢结构，设有十多个大小不一各类演播室。酒店楼高164.9m，共38层，采用核心筒—外框架劲性结构，为希尔顿管理集团统一管理的五星级酒店及公寓，其裙楼商业楼部分采用框架结构，为商业配套设施，包括文化娱乐、餐饮、健身、商业、休闲等业态。地下一层为中型超市和设备用房，地下二层、三层为大型机动车停车场。项目由苏州市广播电视总台出资，中亿丰建设集团股份有限公司作为施工总承包进行建设。

　　项目建筑设计方案出自世界顶级建筑设计大师，运用玻璃、金属、石材的现代设计与粉墙、黛瓦、窗棂、编织、丝绸的古城印象相呼应，各种功能元素形成有机结合，整体造型典雅美观又兼具科技感。

3. 项目建设情况

　　2012年3月25日完成项目备案，随后快速进行各报批建工作，到 2012年7月2日获得建设工程施工许可证。经过近三年时间，项目于2015年7月27日正式竣工验收，并开始开业运营。

2012.09.02（酒店楼底板浇筑）　　　　　　　　　2012.09.20（地下室钢柱首吊）

图3　项目施工过程

2013.04.14（办公楼顶板浇筑）

2013.10.13（酒店楼高度破百米）

2016.07.25（2000演播厅完工）

2016.08.01（苏州广电入驻）

图3　项目施工过程（续）

4. 装配式技术

　　该项目是江苏省首批建筑产业现代化示范项目，其中办公演播楼地上面积约135451m²，主楼42层，高196.8m，钢材用量约4.2万多吨。办公楼、演播楼及M形屋架，单体建筑的预制装配率达77%。其预制构件主要包含钢构件、楼承板、外围幕墙等。

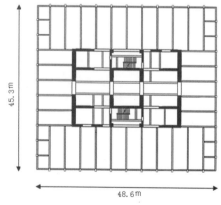

图4　中庭以上部分的主楼标准层平面

4.1　办公塔楼

　　办公楼主楼结构为"预制装配钢结构外周框架＋钢筋混凝土核心筒"的混合结构体系。

　　外周为柱梁框架结构，柱梁全部为钢结构，并且外周柱子采用箱形截面，对底部三层柱采用箱形钢管砼柱，提高其承载能力。

4.2 办公楼中庭

作为办公楼的一大建筑特色，主体结构的东侧立面为曲线形。曲线立面之下构成中庭。中庭屋架是位于建筑第8层的大型挑空空间。其大小为东西方向约42m，南北方向约45m，高度12～52m。

安装过程中采用"悬链钢构超大高差支座累积滑移安装法"，该项技术达到国际领先水平，获国家级工法1项。

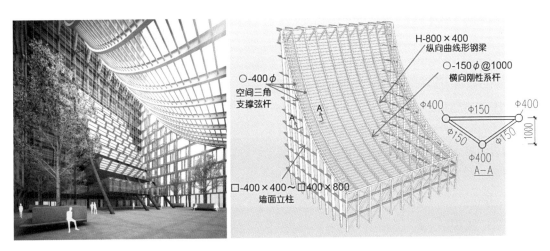

图5　中庭屋架

第一次滑移

第二次滑移

第四次滑移

第三次滑移

图6　悬链钢构超大高差支座累积滑移安装法

4.3 办公楼裙房

8层以下沿主楼结构的东侧设置裙房部分，主要功能有演播室及相关配套等，采用钢结构门形多层桁架结构体系，设计上沿东西方向设置4组钢结构多层桁架。同时，为实现建筑立面在南北方向21m的外悬挑，又垂直于东西大桁架地设置了4组南北向悬挑的钢桁架，形成复杂门形空间多层桁架结构，支撑于主楼柱及裙房右侧的柱列上。

大跨桁架结构中需要开设立面洞口的位置，采用开洞钢板剪力墙替换桁架斜撑为结构提供刚度和承载力，从而适应相应位置对各种洞口位置、尺寸和形状的要求，形成一种钢桁架与开洞钢板剪力墙相结合的新型桁架—开洞钢板剪力墙结构体系。

4.4 演播楼

演播楼结构为"预制装配钢框架 + 支撑 + 大型空间桁架"的钢结构体系。地上部分全部采用纯钢结构，演播楼结构的抗侧由钢框架和钢支撑体系共同承担。

图7 多层桁架结构体系

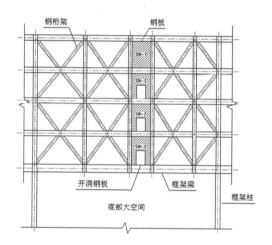

图8 开洞钢板剪力墙结构体系

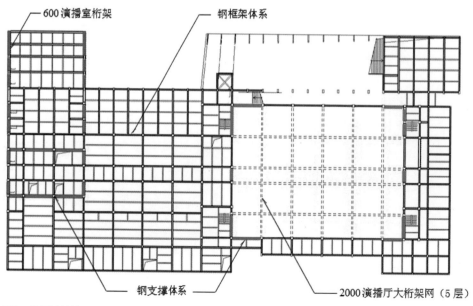

图9 演播楼结构平面图

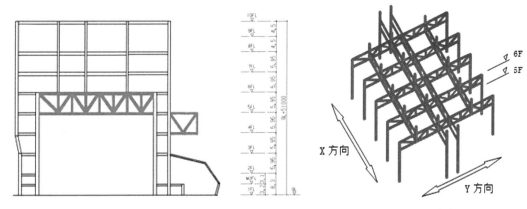

图10 2000演播厅Y方向框架断面图　　　　　　　　图11 2000演播厅空间大桁架网

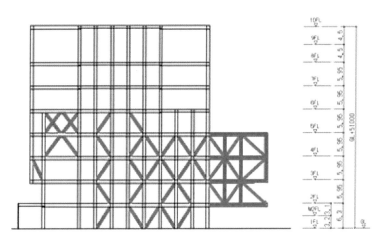

图12 600演播厅Y方向框架断面图

2000演播厅为1~4层高的大空间，跨度为47.95m×36.0m。因此在5~6层间设置了1层层高的双向钢结构大桁架空间结构，用于支撑演播厅上部的重力荷载。

演播楼西北部2~4层设有600演播室。由于建筑北立面为凸出设计，该部分向外悬挑15.3m。对此，在该演播室两侧采用了3层层高的钢结构大桁架，来支撑其自重以及提高大悬挑结构的使用舒适度。

4.5 M形屋架

M形屋架是覆盖在基地中央广场上方的大型屋架，外形如英文字母M，独特形状。东西方向全长约109m，南北方向顶部凹形部跨度为23m，南北方向底部支座间跨度为34m。

设计上在桁架柱与各大楼相接部位设置橡胶隔震支座，通过抗变形能力较强的橡胶隔震支座来吸收和追随各大楼的变形。

由于M形屋架因自重在垂直方向发生变形，设计上在M形的顶部设置水平方向的钢索（ϕ60）来控制其位移。此外，设计上还通过在U字形钢管的中央设置水平钢索（ϕ40），使屋架在受地震等水平荷载以及风载上扬力时也能够保持安定状态。

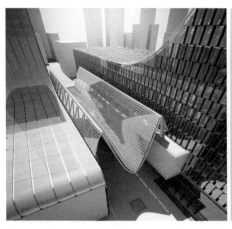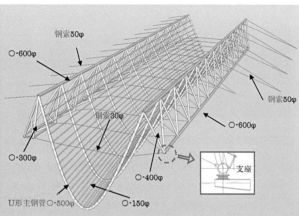

图13　M形屋架

图14　南北面凹凸状单元幕墙系统　　　　　图15　东西面凹凸状单元幕墙系统

4.6　单元式幕墙结构体系

　　单元式幕墙属于装配式幕墙的一种，墙面板与支承框架在工厂预制为幕墙结构基本单元，运至现场后直接安装在主体结构上。单元式幕墙相对于框架式幕墙整体性和工业化施工更优。

　　在本工程中，办公楼及演播楼外墙面系统均采用单元式幕墙。根据建筑外立面及特点，主要采用两类单元系统，一类南北面凹凸状单元幕墙，且凹凸相互错开；另一类东西面凹凸状单元幕墙，且凹槽上下贯通。

5.　智慧建造

5.1　基于BIM的多专业协同深化设计与施工管理

　　由总承包单位提供并维护BIM软件平台，建立一个可以监督BIM工作的在线、安全、可实现的BIM协作平台，并对BIM工作相关部门人员进行培训，以充分支持建模、浏览、协调和模型更新任务。

　　为保证BIM工作质量，对各专业交付模型质量：建模软件、模型格式、建模标准、原点坐标、参照图纸等进行统一要求。

多专业协同深化设计管理技术	基于BIM的施工管理技术
基坑围护	BIM工程资料数据库
土建工程	施工方案的可视化比选
钢结构工程	移动客户端安全质量管理系统
幕墙工程	成本分析的应用
机电安装工程	BIM和条形码技术结合应用
内装工程	钢结构制作、安装进度控制

5.2 绿色建造

在整个施工中以科技引领为指导，加大技术创新力度，以可持续发展的眼光重新审视传统工艺，依据"四节一环保"的标准，进行涵盖施工全过程的绿色施工创新技术研究和实践，实现了技术创新在超高层建筑绿色施工中的规模化应用。

3.5m厚底板大体积混凝土施工

C60高抛自密实混凝土施工

集成式升降脚手架应用

液压自提升卸料平台应用

图16 技术创新与绿色施工

液压爬模施工

超高层建筑施工起重机的选型及应用

钢筋自动加工数控成套设备

分坑施工技术

图16 技术创新与绿色施工（续）

6. 项目管理模式与团队

现代传媒广场项目采用施工总承包模式，作为总承包单位，项目部成员需协调多达20家以上的专业分包单位，同时还需做好业主及顾问公司的对接与服务工作。它是一个员工展示建筑才华和职业智慧的绚丽舞台。"创造有魅力、有灵魂的精品工程"，在他们的意念里，每一个环节都要精雕细琢，要赋予这座雄伟的群体建筑独特的个性。

作为集团公司历年来所承接工程中体量最大，也是难度最大的项目，项目建设得到高度重视，从项目经理任用、项目部组建及劳务队伍选用以及材料供应商的选用上，一改以前传统的模式，力求创新，做出亮点，创出实效。

以"和合"的项目文化理念，强调注重团队的合作精神，和谐合作、互相学习、互相配合，项目的每一个施工细节，小到近处的一砖一瓦、大到远处的宏观视觉，处处可见匠心。

项目团队

项目小档案

项 目 名 称：苏州现代传媒广场

项 目 地 点：江苏省苏州市工业园区苏州大道东265号

业 主 单 位：苏州市广播电视总台

设 计 单 位：株式会社日建设计，中衡设计集团股份有限公司

施 工 单 位：中亿丰建设集团股份有限公司

项 目 总 指 挥：邹建刚

项 目 经 理：李国建

项 目 副 经 理：陈国良　黄 丰　陈晓锋

技 术 负 责 人：胡铁毅　邱全洪　王志强　吴俊彦　羊 宏　陈云琦　圣洋洋　毕昕赟

质量、安全总监：陈林根　余九生

核 算 负 责 人：郭瑞明

材 料 、设 备：潘有林　陆 凯

施 工 员：叶建付　余小进　刘金城　孙福贵　汪 洋　杨 齐　尹锡元　丁邦涛　丁晓波　钟志柱

资 料 员：张 明　赵 俊　左星星　朱源椿

整 理：陈云琦

王东锋

高级工程师、国家一级注册建造师，现任中建一局集团建设发展有限公司高科技厂房第四事业部总经理，曾在深圳华星光电、西安三星一期和二期、武汉华星光电T3和T4厂房、广州粤芯、大连港湾街等项目任项目经理，获得国家优质工程奖突出贡献者和北京市建筑企业优秀项目经理等荣誉。自2007年以来，累计履约完成高科技电子厂房项目150余万平方米，是我国装配式高科技电子厂房建设最早的实践者之一。在履约过程中，不断刷新建造速度，获得"陕西速度""新深圳速度"和"黄埔速度"赞誉，履约的项目获华夏建设科学技术奖、国家优质工程奖和詹天佑优秀住宅小区金奖等各类奖项20余项。在西安三星一期和二期项目建造过程中，王东锋提出钢—混凝土组合构件、装配式厂房免模架施工、装配式工业水池安装、预制FRP模壳防水等一系列新型预制构件和施工技术，取得发明专利3项、实用新型专利5项；在《施工技术》发表多篇论文，论述大型装配式厂房建造的管理和技术要点，为我国工业厂房建设探索新思路。

管理理念

全局统筹、精细管理，达成企业与客户双赢

作为总承包项目经理，必须具有全局意识，从项目全过程的角度对质量、安全、进度、成本等方面进行精细化管理，以达到全方位优质履约的目标。装配式厂房施工对项目的计划性和各单位、各部门间的协作提出了很高要求。在项目实施过程中，要始终关注预制构件的深化设计进度、构件厂的生产进度和仓储、运输等各项资源的准备情况，使其与现场施工进度相协调。整个过程中，每一步都可能成为制约项目进度的因素，进而影响现场的施工质量和安全管控，也同样会对项目成本造成影响。所以，应围绕项目整体的优质履约理清管控要点，制定有针对性的精细化管理方案，进而逐项落实各阶段管理目标，最终达成企业与客户的双赢。

访谈现场

访谈

Q 简单介绍你是如何进入装配式建筑施工领域的?

A 2003年,我毕业后履约的第一个项目是北京金融街B7大厦,其中包括钢结构安装管理;之后履约的一系列高科技电子厂房项目主要涉及大量不同形式的钢结构工程。直到2012年,在西安三星半导体主厂房项目第一次接触到装配式混凝土(Precast Concrete,简称PC)建筑。三星项目主厂房核心区主体为PC框架结构,屋面结构为型钢桁架梁;主厂房四周为支持区和办公区,其主体结构为钢结构框架。在这个项目的投标和履约阶段,通过不断学习和研究,成功地完成了PC构件从生产到安装的全过程管理工作。

Q 这个项目的初始设计是装配式的吗?

A 地上建筑绝大部分主体结构在初始设计时就是PC的。在履约过程中,我们发现这种结构能够明显提高施工效率和工程质量,所以将部分原设计为现浇的构件优化为PC构件进行生产和安装,例如综合管廊的顶板、设备基础和围堰等,取得了很好的效果。

Q 对你来讲第一次做装配式施工的最大挑战是什么？与传统施工方式有什么不同？

A 2012年前后，PC结构在国内还非常少见，而三星项目的主体结构就是PC的，这种结构与我们以往做过的现浇结构有很大的区别。刚开始的时候感觉生产组织和技术方面有很多不确定性，主要体现在几个方面。第一是在现场设置游牧式PC厂，而PC厂的组织机构如何设置，劳务管理发包和组织方式等没有可以参照的经验。第二是这种新型装配式厂房使用了预制格构梁、预制Z形梁、干法连接预制柱等新型构件，在当时缺少相应的构件质量和安装质量验收标准。第三是如何协调构件生产进度和现场安装进度，以及寻找项目所需的措施性材料资源，这些都需要综合考虑实际情况提出解决方法。第四是常规PC厂是有自己的混凝土搅拌站的，而我们没有设置混凝土搅拌站，是外购商品混凝土用于PC构件生产，需要与商混站沟通制定适合构件生产的技术条件。第五是PC安装的施工组织涉及的安装方式、流水方式、动线组织和构件运输、质量安全管理、技术工人和设备等方方面面与现浇施工截然不同。此外，在成本控制方面，当时没有可参考的对象，所以对生产和安装的成本管控也是非常担心的。

Q 为什么在现场设置PC厂？而没有到市场上的PC厂采购？

A 三星主厂房项目的PC构件需求量是1.5万方，主体结构工期仅203天。我们在2012年项目开始前进行了周边市场的调查，当时PC厂存在一些问题，比如：没有那么大规模的PC厂，产线不足或设备偏小，也没有充足的构件存储场地，不足以支撑项目进度和产能的需求。现有PC厂多生产水泥管、预制桥梁、地铁管片，不具备生产复杂PC构件的技术能力、设备和人力储备。即使工厂增设新建生产线也存在很多困难，难以短期内提升产能。还有一个原因，项目中存在一种特殊的构件——预制格构梁，这种构件的平面尺寸在3～5m，如果从外部加工，会面临构件超宽超限运输的问题。

Q 现场预制带来了哪些困难？

A 第一，是现场PC厂的质量监督管理机制问题。经过各方沟通，仍然沿用了现场常规的由业主委托监理进行的质量监督管理机制。并与政府质量监督职能部门沟通协商，编制符合韩方业主验收标准的企业PC制作和安装质量验收标准。第二是PC厂需要组建一支专门的运营管理队伍，所以落实专业的管理人员和加工、安装人员就成了摆在我们面前的重要问题。第三个问题是如何采购PC构件生产所需的特有物料资源和掌握关键的生产技术，这是保证构件生产质量和工期的关键因素。最后是生产组织习惯的转变。我们在常规现场管理思维向工厂化管理思维转变方面做了很多尝试，虽然刚开始会比较困难，但成功转变之后在提升生产效率方面起到了很大作用。经过团队的努力，最后我们很好地解决了这些困难。

Q 后来选择商混的场地到你现场运距是多少？

A 刚开始是在十几公里，后来调换到五公里左右。搅拌站也积极配合我们调整配合比，解决低坍落度运输和蒸养技术要求。

Q 如果重新做一次类似项目，你是选择工厂定制还是现场预制？

A 经过近几年国家产业政策的引导，发展起来一批专业的PC厂，改善了PC的市场供应情况。但厂房项目的有些构件因为超限问题，不太适合运输，同时这部分构件的需求量大，且供货时间紧，虽然PC厂能够生产，但是储备场地的规模仍然不足。所以如果项目所在地PC供方市场好的情况下，我会考虑采取一些折中的办法，小尺寸构件委托加工厂去生产，而大型构件在现场设置PC厂组织生产。

Q 这种思路是不是可以普遍地应用在住宅项目上？一部分构件在现场预制，一部分构件在工厂生产？

A 首先需要考虑这种游牧式的PC厂现场设置的可行性，再与周边市场PC厂生产进行技术经济对比分析，进而选择最优方案。组织现场生产需要关注这些方面的问题：首先，规模化的PC构件生产是需要大面积的生产场地、维修场地和储备场地的，必须要有一定的生产、储备能力，才能保证项目建设按计划进行。但通常住宅项目是不会提供那么大的场地的，周围租赁场地更不经济。其次，我们临时组建的PC厂在组织管理和生产效率上与市场上的专业PC厂还是有一定差距的，需要一些时间不断磨合。而培养和保有一支专业的PC生产管理和施工队伍，会给我们带来新的组织管理难度，提高运营成本。最后，建设PC厂会涉及一些大型设备和材料，比如龙门吊、锅炉蒸养设备、模具等。还有场地和道路的硬化、吊车轨道、水电管网布置等一些基础设施，这种建设和维护费用也是非常大的。经过多年的发展，市场上的PC厂在技术和管理上都越来越成熟，规模化的生产也相对降低了成本，能够高效组织生产和供应。一般来说住宅项目在现场建设PC厂，实际上是不合适的。

Q 在整个施工过程中，有哪些经验可以分享？

A 把技术吃透是做好装配式厂房的基本前提。要把施工的安全性和可行性作为基本原则，一步一步去推导、模拟建造流程。认真分析PC构件生产、运输和安装过程中的关键问题。我们当时建立了一个三维立体模型，去模拟安装过程。同时进行头脑风暴，研判在安装过程中可能会面临的技术质量管控重点，并思考如何保证安装过程安全。主要的经验有这么几点：第一，要以工厂化的思维去建设生产管理团队；以流水线的生产组织方式提升生产效率；以服务现场施工安排为准则的订单制生产方式和运输方案；将PC构件生产的质量控制作为实现项目工期、成本目标的基础保证，切实落实精细化管控。全面保证现场对PC构件供应效率和质量精度等各方面要求。第二，PC构件生产实施过程是资源的再整理和再消化问题。生产策划、资源筹备、设备管理、物流和仓储管理等都会对生产成本和效率造成影响。第三，合理的施工组织方案是项目成功的关键，施工相关人员从管理人员到工人都应深入了解流水方向和技术要点，各环节配合必须要紧密，才能将装配式的优越性发挥到最大。第四，建立现场与工厂的沟通和协调机制，可有效解决很多偶发问题，从而降低成本，避免工期延误。

Q 游牧式PC厂是露天作业的，怎样降低不利天气的影响？

A 项目位于西安，构件的加工期处于冬春季，温度较低，雨雪天气不多。我们在应对天气影响方面做了一些有针对性的准备。比如，温度影响应对措施：为保证生产效率，采用燃油式蒸汽锅炉进行构件养护，避免了受天气温度的影响；在养护措施方面，采用棚式覆盖蒸汽养护，受雨雪天气影响较小。反倒是蒸汽凝结成水后，在地面和道路上结冰会影响交通安全，降低工作效率，需要及时清除积水防止结冰。特别需要注意的是，冬天温差较大导致一些构件开裂的问题。经过研究，我们发现是PC构件和模具在温度变化时收缩率不一致引起的，然后通过一些技术手段解决了问题。雨雪影响应对措施：加工厂在规划时考虑将道路和操作区进行混凝土硬化，沿吊车轨道和路边设置排水沟，原材堆放区、构件维修和堆放区铺设碎石等方式，确保雨后能立即复工，小雨情况下不影响运输；在生产组织上，除了原材料储备外，也适当储备2天以上的钢筋笼，可以降低雨天对钢筋绑扎的影响。我们也非常注意构件出模后的覆盖保湿，避免构件表面出现干缩裂缝。

Q　整个项目的实施过程中，有没有碰到哪些问题长时间解决不了？

A　在组建生产和安装管理团队时，要解决组织机构设立和人员选择的问题；还有要选择什么样的PC构件生产和安装队伍，需要选择合适的工种来施工，并且界定好工作范围和界面。在构件生产过程中，我们要解决验收标准和依据不明确的问题，因为当时PC构件的生产和验收没有相应的规范。与各方沟通协调后，我们编制了《装配式电子厂房PC构件施工质量验收企业标准》，并在当地进行了备案，解决了验收标准的问题。在生产组织上，因为要执行严格的质量安全管理标准，所以工人从相对自由粗放的管理方式进入规范化的管理方式，会存在一些冲突，必须做好管控、疏导和适应。另外，还要做好现场工作方式向工厂生产方式的转变。在进入常规化生产后，如何提升效率？比如说钢筋笼的加工效率怎么提升？每天模具的周转次数如何保证？我们需要不断地调整和优化人员配置、工人的操作方式、劳动强度和衔接配合等细节。在工具选择方面，从使用普通扳手、棍棒等常规工具，到进入电动工具化时代。比如使用电动扳手，工人刚开始是不愿意用的，经过了很长时间的沟通、培训和坚持，最后工人觉得还是电动工具更加方便、高效。所以这个适应过程实际上是传统观念和操作习惯的改变。还有构件生产过程中出现了气泡、裂缝和压光面的起皮等质量问题，只要认真分析研判，总会得到可行的解决方案。

Q　这个项目施工之前是否进行过相关项目的调研，走访调研了哪些同类企业或者同类项目？从哪些途径进行事先的知识储备和学习的？

A　尽可能多地收集资源，比如最常用的从网络和图书上学习，还有借助公司力量，向公司钢结构与建筑工业化部寻求支持，向经验丰富的同事学习等。此外，我们还走访了华北和华东地区的一些PC厂，学习PC生产组织策划和施工技术。还有向合作方的专业人员学习，并一起研讨PC构件生产和安装方面的管理和技术问题。

Q 有没有看过同类型工业厂房的状态？

A 我们去国内、外的类似项目进行了实地参观学习。国内绝大多数高科技电子厂房是现浇结构的，而我国台湾地区、韩国有不少类似的PC厂房项目。这类高科技电子厂房有比较严格的抗微震能力，而且国内已经有成熟的现浇结构抗微震设计方法。三星项目主厂房的结构传力方式与全现浇结构有所不同。比如，厂房中有一部分柱只承担竖向荷载，另一部分柱既能承担竖向荷载也能承担水平力，而且在部分梁、柱连接的部位也设置有隔震部件。这种设计思路非常适合装配式施工，但国内尚没有适用于这类PC结构的设计标准，而且这种结构的抗微震设计方法也需要深入研究。

Q 你经过PC安装的案例以后，有什么感受？未来是不是一直做PC项目？

A 我非常荣幸能够完成国内第一例装配式高科技电子厂房项目。我们从PC构件的生产到安装，再到最终实现建筑功能的全过程参与，让我在这里学到了很多东西，同时也培养了一批优秀的PC生产和安装管理队伍。到目前为止，我们形成了三支完整独立的管理团队。要说会不会在这个领域里发展，主要还是看市场情况，我们会在类似项目的市场竞争中发挥我们的经验优势。2018年，我们又参加了西安三星二期的建设，完成了国内第一个装配式的综合动力站。在这个过程中，又接触到了很多建造技术。比如说超大截面的梁板柱，以及国内第一例将预制双皮墙应用于水池和地下室外墙，第一次采用了预制化FRP防水的施工方法。当接触到新技术时，我感到很兴奋，愿意思考采用预制化程度更高的方案。这几个项目的履约，加深了我对装配式技术的认识。我愿意将预制化思想推荐给业主和设计方，在结构、机电和装修等方面采用适合的装配式技术，用新技术去提高项目的性价比，为业主和公司创造更多的价值。

Q 你对装配式建筑的未来怎么看？

A 经过几个装配式项目的履约，我对装配式建筑的未来感到乐观。以厂房建设为例。建设一个大体量的高科技电子厂房，高峰期要组织五六千甚至上万人施工，这个人员数量是非常巨大的。其中大量的人力物力被投入到搭脚手架、支模板，然后再拆除清理这项措施性工作中。而通过装配式的设计施工方式，一方面把构件生产转移到加工厂去完成，另一方面这些构件在施工的时候本身具有支撑和模板的功能，自然减少了措施性的工作量。施工现场的劳动环境比较艰苦，年轻人不愿意做，建筑工人越来越短缺而且年龄偏大，随着人力成本的上升，发展装配式建造是一种必然趋势。

Q　请谈一下对装配式建筑未来发展趋势的看法？

A　装配式建造是建筑业发展的重要方向。近年来，国内装配式建筑发展迅速，涌现出很多经典的案例，但从整体上来说，我们还有很多提升的空间。

第一点，对于施工总包来说，做的事情总体来说是按图施工，并没有参与前期的设计，这在现浇项目里影响不大，但在装配式项目里可能会造成很大问题。PC构件是在工厂批量生产，运到现场后再发现问题基本是不可调整的。这就要求在设计阶段除考虑建筑的使用功能外，还要考虑建造的可实施性。例如大家常提到的标准化设计，标准化不仅仅是轴网和构件尺寸的模数化，它是由很多层级组成的有机整体：钢筋/埋件层级的标准化，构件层级的标准化，轴网层级的标准化，项目内部各建筑的标准化和项目之间的标准化。最终目的是用尽可能少的基本单元去组装成满足美观和使用功能的建筑产品。标准化设计不完善，不仅会导致生产和施工的成本增加，也会增大设计的工作量。完善的标准化设计既需要设计、生产和施工团队紧密协作，也需要在项目实践中不断积累经验，是一个不断迭代提升的过程。虽然在当前的发包模式下，做到这些还是有困难的，但应该看到，我国正在大力推动EPC总承包模式，这对装配式建筑的发展会有很大促进作用。

第二点，建筑工人的劳动技能对建筑质量也会有明显影响。比如，在国外项目中，可以见到两根预制梁的钢筋对接连接，而国内在设计的时候就要避免这种情况，因为这对构件生产、安装以及相关现浇部分的精度都有很高要求，而实际情况很难满足。现在，我们国家正在推动"农民工"向"产业工人"转换，这种转换既保障了工人的权益，也有利于提高工人的整体素质，促进建筑业整体质量的提升。

第三点，任何一种技术都有适用的条件，离开特定的条件其适用性就会大打折扣。装配与现浇有很多不同之处，我们应该总结出装配式建造的适用条件，在项目全过程持续为这种建造方式创造有利条件，而不是先按现浇设计，再"改成"装配，这种"改造"成的装配式建筑，在现场往往起不到节省人工、模板和提高工程质量的作用。我想在这方面可以进行一些研究，如哪些建筑适合做装配，哪些构件适合装配？更进一步，把基础性研究和应用性研究整合起来，开发出适合装配式建筑的设计、施工一体化成套技术，对建筑和结构的设计思路进行大刀阔斧的创新，充分发挥装配式建造的优势，创造出具有市场竞争力的高质量、高性价比建筑产品。任何新事物的成熟都不是一帆风顺的，做好装配式建筑是我国社会和经济发展的迫切需求，虽任重而不能道远，这需要我们建筑从业人员共同努力。

图1　项目鸟瞰图

1. 项目概况

项 目 名 称	西安三星12英寸闪存芯片项目
开 工 时 间	2012年
竣 工 时 间	2014年
建 筑 面 积	25.2万m²
地 点	西安市长安区
建 设 单 位	三星（中国）半导体有限公司
设 计 时 间	2012年
设计单位/合作单位	世源科技工程有限公司
施 工 单 位	中建一局集团建设发展有限公司

图2 项目效果图

图3 免模架施工

　　西安三星12英寸闪存芯片项目位于陕西省西安市长安区，建筑面积为25.2万m²，建设单位三星（中国）半导体有限公司，设计单位是世源科技工程有限公司。项目于2012年11月开工，2014年5月竣工，主体结构共三层，其中一、二层为装配式框架结构，三层以上为钢结构，顶部为钢桁架屋盖。项目用于生产10nm级3D NAND闪存芯片，为国内首个装配式高科技电子厂房项目。

　　与常规装配式项目相比，本项目有3项主要特点：

　　第一，预制构件能够独立承担施工阶段荷载并作为后浇混凝土的模板，现场无需搭设脚手架和模板，钢筋绑扎量小，施工机械化水平高。

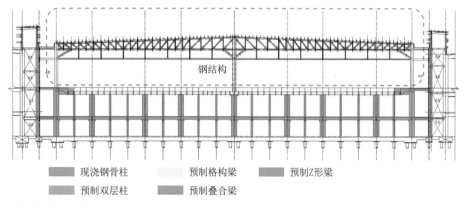

图4 厂房典型构件

▬	现浇钢骨柱	▭	预制格构梁	▬	预制Z形梁
▬	预制双层柱	▬	预制叠合梁		

图5 行走塔作业

第二,厂房的竖向构件可分为两大类:现浇钢骨柱和预制柱。其中,现浇钢骨柱承担竖向荷载和水平地震作用;预制柱主要承担竖向荷载。

第三,预制柱采用一柱双层设计,中部搭设预制梁,顶部搭设预制格构梁,减少塔吊吊次50%。

为满足安装需求,共设置塔吊19台,其中在核心区采用了4台行走塔方案,有效避免了塔机相互干涉造成的降效,实现了结构由下到上、由中间至两边的快速安装。整体施工顺序为预制柱吊装→二层预制梁吊装→三层预制格构梁吊装→四层钢桁架屋面吊装的空间阶梯流水,高效利用了塔吊资源和场地空间。

2. 项目管理模式

PC工程量大，管理复杂，为使项目顺畅运行，在管理架构中单独设置PC经理一职，主要负责模具配置管理、构件生产管理和构件安装技术管理。PC经理根据项目总控计划这条主线，逆推制定各项PC相关的子计划并执行。PC经理的主要管理内容包括：

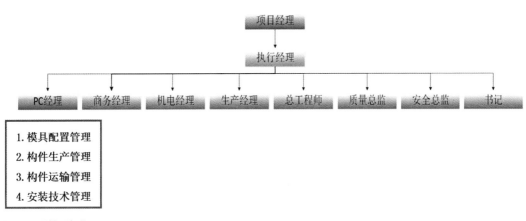

图6 项目管理架构

2.1 模具配置管理

项目最初阶段，收到业主发的典型构件图和构件统计表后，立即着手模具配置计划的编制。综合考虑构件的生产天数、构件数量和模具生产效率，确定各类模具的套数。配制模具时，应使模具生产计划完成时间集中在5天之内，使各套模具得到最大限度的利用。

2.2 构件生产

根据模具数量和尺寸进行游牧式构件厂的布置。场地布置应保证物料流的通畅，使混凝土、钢筋笼、埋件等材料能够顺利地运到构件加工区，并方便生产好的构件运到堆场。构件的排产计划根据安装计划反推得到，一方面保证构件供应能够满足安装需要；另一方面要尽量减少改模，避免降效太多。项目部经过反复试排和检讨，在成本和工期之间找到了平衡点。

对于非常规预制构件，如格构梁、Z形梁和型钢桁架双皮墙等，PC部牵头与业主协商制定了构件质量验收标准。

2.3 现场安装

构件安装是项目管理的关键路线，由PC部负责构件安装的技术管理，制定各项安装方案并进行技术交底。项目部设置专人负责安装计划的监督，对已生产和即将安装的构件逐个进行核对，发现问题及时纠偏，使构件安装进度与安装计划相吻合。

上述各个阶段的精细化管理是项目成功实施的必要保障。

3. 重点技术

3.1 功能分区

本项目主厂房建筑按使用功能可划分为洁净生产区（FAB区）、支持区和办公区。其中，FAB区是主要生产车间，支持区主要用作设备房间，办公区主要作为员工办公室。

FAB区作为建筑的核心功能区，整体尺寸为406m×192.2m×25.87m，预制构件主要集中在该区域。

图7　项目实景图

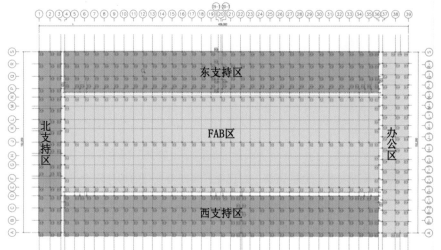

图8　厂房功能分区

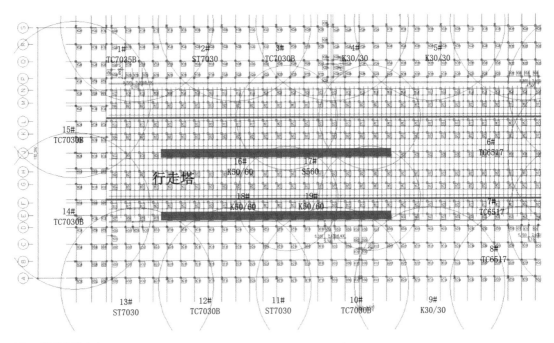

图9　塔吊布置方案

3.2　行走塔施工方案

项目启动阶段，业主提出使用24台固定塔+履带吊辅助的塔吊布置方案。项目部认真分析后认为这个方案塔吊干涉过多，影响施工安全和安装效率，提出了15台固定塔+4台行走塔，以及履带吊配合安装的新型布塔方案，在满足现场吊次要求的条件下节省了塔吊资源和场地占用，降低成本投入约1760万元。

3.3　免模架施工技术

PC结构免模架施工是本项目的重要特征。与常规装配式项目相比，本项目中的预制梁、叠合板均可独立承担施工阶段荷载，底部无需搭设支撑和模板，施工阶段工人数量少，机械化程度高。地上PC结构的基本安装顺序为：预制柱→预制梁→叠合板→楼面钢筋绑扎和浇筑混凝土→格构梁安装。

本项目中的预制柱分为两大类，一类截面尺寸较小，为一柱双层设计，为便于描述称为A型预制柱；另一类截面尺寸较大，为满足机械吊重要求，部分构件为一层双节设计，称为B型预制柱。

A型预制柱通过化学锚栓与筏板栓接连接，安装前应完成放线和化学锚栓植筋工作，并用钢垫片完成预制柱底部的抄平。准备工作完成后，进行预制柱的起吊和安装，将化学锚栓穿入预制柱底部的连接件中，然后安装斜支撑，完成预制柱的临时固定后进行摘钩。A型预制柱的垂直度由斜支撑进行调节，满足要求后拧紧化学锚栓上的螺母，最后进行柱底支模和接缝部位的灌浆工作，灌浆料强度不小于35MPa后，可进行后续的构件安装工作。

图10 免模架施工

图11 A型预制柱安装准备

图12　A型预制柱安装

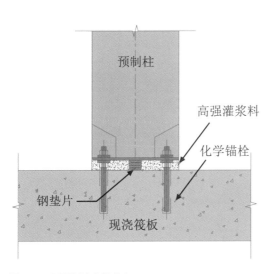

图13　A型预制柱底部节点

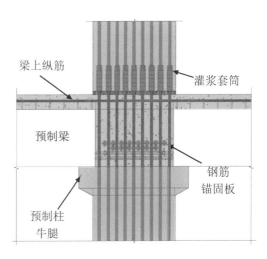

图14　B型预制柱连接节点

图15　下节预制柱

图16　上节预制柱安装

　　B型预制柱的钢筋通过钢筋套筒灌浆与筏板连接，安装流程与常规项目的预制柱基本相同，但由于构件重量较大（最重达32吨），其安装工艺有自身的特点：（1）垂直度调节需要在吊车辅助下调整柱底垫片厚度完成；（2）下节预制柱安装完成后可直接进行上节预制柱的安装，最后一起进行灌浆施工。

　　预制柱底部的灌浆料达到设计要求后，可进行预制梁、预制板和预制格构梁的安装施工。预制梁端部支承在柱身的牛腿上，预制板端部支承在梁侧混凝土保护层或牛腿上。

图17　预制梁安装

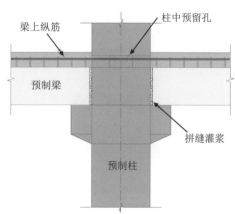

图18　预制梁-A型柱连接节点

梁上纵筋

柱中预留孔

预制梁

拼缝灌浆

预制柱

图19 叠合板安装

　　最后进行柱顶预制格构梁的安装工作。预制格构梁是一种新型构件，安装在A型预制柱的顶部，用来支撑芯片生产设备并保证厂房洁净区通风。预制格构梁安装完成后，首先将相邻构件的钢筋用直螺纹套筒进行连接，然后用对拉螺栓将相邻的构件进行固定，并在拼缝内注满灌浆料，最后在节点区内浇筑细石混凝土，将各个预制格构梁连接成整体。

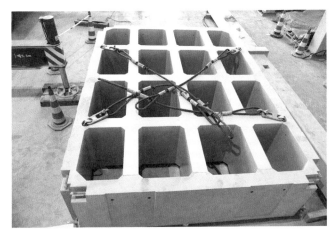

图20 预制格构梁

图21 预制格构梁安装

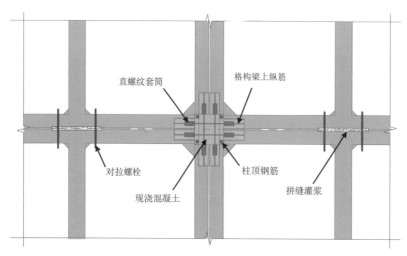

图22 预制格构梁连接节点

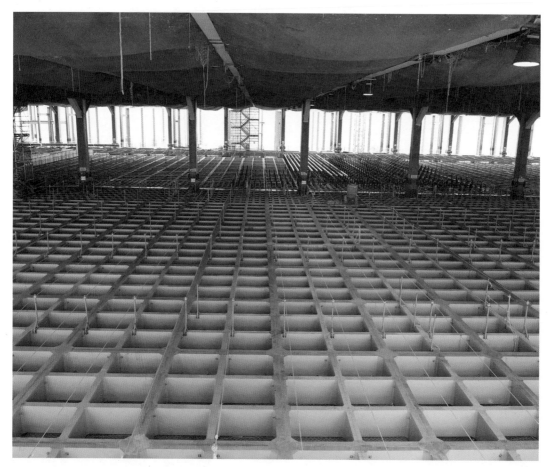

图23 安装完成的预制格构梁

免模架施工技术实现了"像搭积木一样盖房子",节省大量人工以及脚手架、模板等周转材料的投入,是一种绿色、高效的施工技术。

3.4 预制型钢桁架双皮墙

预制型钢桁架双皮墙（Precast Truss Double-Wall，简称PTW）由两片预制混凝土板通过型钢桁架连接而成。PTW由预制构件厂生产，运输至施工现场进行后，在两片预制板之间的空腔内浇筑混凝土，待现浇混凝土凝结后与预制双皮墙形成整体共同受力，成为预制双皮墙结构。本项目中，PTW高度在5m-11m，厚度在400mm-1000mm，主要用于挡土墙和工业水池池壁。

图24　PTW构件

图25　预留插筋

图26　安装完成的PTW

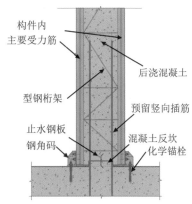

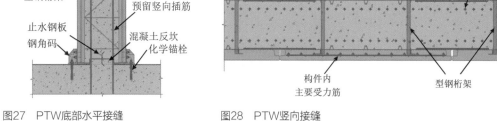

图27　PTW底部水平接缝　　　　　　图28　PTW竖向接缝

　　PTW与下部结构通过预留插筋连接，预留插筋安装时应进行定位，防止与型钢桁架发生碰撞。在安装阶段，PTW由底部的角码进行临时固定，当墙体较高时还需要设置斜支撑。PTW安装完成后，在相邻构件的竖向接缝部位放置钢筋网片，然后进行空腔部位的混凝土浇筑工作。待后浇混凝土凝固后，PTW与筏板及各PTW之间连接为整体共同受力。

3.5　预制FRP模壳防水技术

　　在厂房建筑中存在大量工业水池。在常规项目中，当水池基本完成封闭后，由工人进入水池内部现场涂刷FRP防水层，但这种工艺存在较大的安全隐患：FRP树脂溶剂易挥发，为有毒易燃物

图29　预制FRP模壳

图30 拼缝处理

品，工人在密闭空间涂刷时具有较高的中毒和火灾风险。若采用难燃树脂进行涂刷，将给项目成本带来较大压力，且难以解决挥发物毒性较高的问题。

项目部将装配式思想引入FRP防水施工中，在场外批量预制FRP模壳，在现场采用干式工法将模壳固定于水池内壁，仅在接缝部位进行少量FRP涂刷施工，降低现场FRP涂刷工作量80%。

需要注意的是，这种施工技术仅适用于水池顶部等不受水压变化影响的部位。在水压变化较大的部位，项目部在场外完成PC构件表面的FRP涂刷工作，现场仅在接缝部位补刷少量FRP，接缝填补方法与预制FRP模壳技术相同。

通过上述方式，既大幅降低了现场密闭空间作业的安全隐患，又明显提高了施工效率。本技术为大型工业水池防水作业提供了新的解决方案。

3.6 优势及效果

本项目中，预制构件能够独立承担施工阶段荷载，在现场无需搭设和拆除模板、脚手架。在楼板混凝土浇筑完成后，下部楼层可立即进行设备管线安装和装修等工作。与同体量现浇厂房相比，本项目整体工期缩短90天，现场工人数量减少75%，建筑垃圾排放降低85%。

本项目的成功实施，以实际案例证明了在高科技电子厂房建设中，装配式施工是一种绿色、高效的建造技术。

图31　夜间施工

3.7　主要技术文件目录

图32　主要技术文件

团队合影

项目小档案

项 目 经 理：王东锋
项 目 执 行 经 理：刘寅昌
技 术 总 工：周国梁
生 产 经 理：王家林
PC 经 理：吕雪源
PC技术研发团队：李 浩 王东锋 吕雪源 周国梁 王家林 李永敢 尹 硕
商 务 经 理：全 杰
安 全 总 监：张许东
质 量 总 监：卞振宇
整 理：吕雪源 刘 潇

蒋杰

硕士，高级工程师，国家一级注册结构工程师，中建科技集团有限公司深圳分公司设计院副院长。有丰富的装配式建筑项目管理经验，先后作为技术负责人、项目经理，负责的装配式设计咨询、设计管理、项目管理的工程累计面积达120万m²。作为EPC项目经理，完成的"深圳市坪山高新区综合服务中心项目"荣获2020-2021年全国建筑工程质量最高荣誉鲁班奖；作为设计总监，完成的"深圳市裕璟幸福家园项目"获得2019年广东省优秀工程勘察设计"建筑结构"三等奖、"住宅与住宅小区"二等奖、广东省优质工程金匠奖。

参与负责多项国家级、省市级、企业相关课题和标准研究，包括："十三五"课题"工业化建筑设计关键技术研究"、住建部"建筑工程设计文件编制深度规定（2016版）"编制、住建部"装配式混凝土建筑设计要点"研究、深圳市住建局"装配整体式剪力墙住宅施工综合技术研究"、中建科技"装配式建筑技术标准"（含装配式剪力墙结构和框架）等。撰写产业化相关论文5篇。

管理理念

系统化思维、 ·体化建造

明确目标：以项目为核心，明确各项目成本、工期、质量、安全文明施工、科技等目标，将设计、生产、商务、施工等人员纳入目标责任，由项目总经理统一指挥，对报批报建、设计、生产、招采、装配施工等进行统筹管理。

制定标准：根据项目目标，制定详尽的执行标准、管理标准及考评标准。

精心策划：遵循"策划先行"原则，对整个项目实施过程中的设计、招采、施工（进度、质量、安全、创优等）、验收等进行全过程策划。

精益建造：充分利用智能化管理手段及新型装配式施工技术，对项目建造全过程进行精准管理，确保履约成效。

访谈现场

访谈

Q　请简单谈谈你的从业背景。

A　我2010年研究生毕业，毕业之后在国家发改委做了4年的项目评审，主要做国家重点投资项目前期的可行性研究及初设阶段的评审。随后在北京市建筑设计研究院做了一年左右结构设计相关工作。从2015年中建科技有限公司成立起，便一直在中建科技工作。中建科技这个平台非常适合我，可以得到全过程的提升。以装配式建筑为载体，包含科研、设计、项目管理等各项工作均可自主选择。我现在所做的项目管理工作也是本人非常向往的工作，也是第一次以项目经理的身份参与建设工程。

Q　坪山高新区综合服务中心项目（后简称"坪山会展项目"）作为装配式建筑项目，与传统项目最大的区别在哪儿？

A　坪山会展项目最早的定位即为装配式项目，因此在项目管理层面，我们选择的是EPC工程总承包模式，与传统施工总承包模式有较大不同。EPC模式是从设计采购到施工进行全过程管理，其优点在于有效整合优势资源，减少过程中的协调难度，并不断进行设计优化，施工进度更

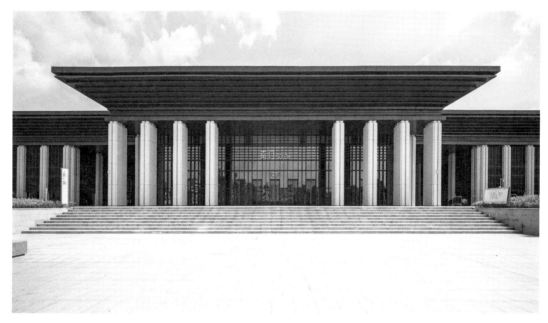

全景图

快，施工质量也可得到有效保障。从施工层面看，装配式项目大部分构件都是在工厂或外围进行加工制作，现场进行装配或校正。与传统建筑形式相比，装配式建筑具有产品质量好、生产效率高、施工速度快、节省人力及资源等优势，推进建筑工业由劳动密集型产业向着技术密集型产业和规模化产业发展，具有极其广阔的应用前景。从装配式技术层面而言，主要应用四大装配式技术：主体结构我们选用的是钢结构，连接节点选用标准化定型化节点，使得生产及装配更加高效；外围护体系选用通高超大单元玻璃幕墙+GRC体系，工厂加工，现场拼装，整体吊装，有效缩短工期；室内装修采用具有专利的装配式工艺工法，地面架空、墙面干挂、集成吊顶等，除卫生间外，完全杜绝了湿作业；机电采用装配式施工，应用装配式集成支吊架、装配式卡件法兰连接、装配式制冷机房等技术，减少现场切割动火作业。项目装配率超过80%，其快速建造离不开装配式技术的大规模应用。

Q 项目实施之前是如何进行策划的？

A 项目的策划主要从投标、设计、实施三个阶段进行。在投标阶段，业主招标文件中即为EPC管理模式，带方案设计、施工及家具，也即交钥匙工程，我们投标时提供三个方案，包括不同的经济指标及技术实施方法来确保满足业主需求。设计阶段对方案进行优化及调整，并以最快速度提供结构施工图，保证设计和施工及招采的交叉同步进行。同时与施工部门紧密联系，结合现场和投标阶段方案，积极与业主和分包设计方沟通，充分发挥出设计先行及其龙头作用，为项目的实施创造有利条件。在实施阶段，主要为质量、进度及安全策划，结合EPC管理方式，积极调动施工总承包的管理力度，对不同情况下的管理方式进行规划，从而减少后期出现调整的概率。以进度策划为例，设立多级进度计划，不同层次管理人员依据其对应计划进行管控，同时针对不同施工节点，设立好奖惩措施，做到计划落地。实践证明，一个良好的前期策划可让后续施工更为可控。

Q　**在实施过程中发生的与计划不一致的调整，你印象最深的是哪一次？**

A　前期我们在整个建设过程，包括商务、设计、进度、质量、安全、技术等方面都先做了相应的策划，但我们的策划只是相当于最初的计划和预想，现场实际实施过程中肯定会存在一定的偏差。印象最深的是工期的调整。最初我们是把工期定为八个月，但最终工期是十二个月左右。其原因首先是对装配式建筑的现场管理估计不足，因为我们的工期非常紧张，存在全专业立体交叉，所有分包按照我们既定工期进场，导致原材料密集进场，场地周围全部铺满预制构件，现场构件的转运及场地的动态调整与计划存在偏差，任一分包的工期延误立即导致恶性循环。另外，对预制构件市场行情估计不足。以我们主体钢结构构件为例，2018年国内会展项目较多，大部分为钢结构项目，钢材需求量较大，导致上下游产业旺盛，钢材加工制作困难，施工工人紧缺，一定程度上耽误了项目工期。还有，存在部分设计效果及方案的确认不及时问题。在现场实施中，很多设计细节需要调整，如我们的精装修灯光亮度、室外泛光照明动态效果等，设计层面的变更和修改在一定程度上影响了工期进度。当然作为EPC工程总承包方，将设计采购施工进行全流程管理，能够提高现场设计变更及方案确认效率，也需要满足业主方要求，因此相对来说，承担的责任也更大。

Q　**如果重新做一次类似项目，你会从哪几个角度思考及考虑？**

A　从以下四个环节来考虑。第一是设计环节。设计方案、样板的确认应更加贴近业主需求，甚至有时候要预测业主需求，做到样板效果、功能变化尽量减少，否则后期可能存在较大的调整，设计的主导及引导非常重要。设计师要有全过程服务的意识，现场设置设计管理部门，与施工以及商务部门进行关联，对现场施工效果进行实时确认或调整，同时提供不同方案供商务参考。

第二是施工环节。施工策划非常重要，对于抢工项目，对项目合理工期的预判和目标应在施工策划阶段进行认真的分析，提供切实可行的三级工期控制节点，只有严格按照控制节点进行施工，现场进度才能保证可控。工期计划设定不合理，会对后期资源调动带来巨大的压力，反而造成成本大幅增加。

第三是技术策划。在现场实施之前应首先明确质量目标，项目是准备按鲁班奖标准还是省级奖项要求，或者仅仅是按照国家相关标准要求。之前坪山会展项目定的是省级优质工程目标，现场施工中的质量控制也按此标准进行，有些收边收口位置未达到鲁班奖要求。现在工程已竣工验收，如果要评鲁班奖，现场还存在大量的整改工作，随之而来的是大量的成本投入。因此，应在项目之初即明确质量目标。

第四是成本控制精细化。设计阶段可以决定整个造价的百分之七八十，首先应在设计源头上节约成本，用最优方案实现设计效果，同时提升设计质量，避免后期的拆改工作。随后在招采阶段，应充分发挥资源整合优势，尤其对于装配式项目，我们对机电、土建、精装等采购比较熟悉，对软装、弱电智能化等还存在一定陌生感，招采经验不足，尤其作为EPC交钥匙工程，对资源库的搜集及筛选还有待加强。在资源库中设立评价体系，对进入资源库的厂家进行考察，并建立不同项目的关联系统，由此进来的厂家其服务意识及配合程度相对会更高，有利于商务及现场的管理。同时，在成本控制上也应充分考虑现场施工的策划，包括不同分包何时进场，如何安排资源，如何进行穿插施工等。其实成本控制的关键主要围绕前期的策划及资源库的积累，招采本身是相对简单的。

Q 坪山会展项目中应用的中建科技智能建造平台有哪些功能？能发挥什么优势？

A 我们装配式建筑做的是整个产业链，因此我们从设计、招采、生产加工、现场施工及交付运营等进行全流程控制。该平台主要包含五大功能：数字设计，云筑网购，智能工厂，智慧工地，幸福空间。将EPC管理中涉及的设计、采购、生产、施工和运维五大模块有机地融合到平台中，集成项目建造上下游产业链，实现全方位、交互式的信息传递。

数字设计：将项目BIM模型轻量化处理后上传到平台服务器上，利用数据交互实现数据资源的共享。提高项目数据使用率，确保数字化的设计成果全面服务于项目后续的采购、生产、施工、运维全过程。

云筑网购：项目在采购阶段使用装配式建筑智慧建造平台云筑网购功能，对BIM模型进行数据提取和数据加工，自动生成工程量及造价清单。工程量结果直接对接到云筑网完成在线采购。项目共计在云筑网平台完成58个项目合同签订，做到流程公开透明、数据真实有效。

智能工厂：我们项目在构件方面，通过由BIM模型生成的构件唯一二维码，实现对构件从设计、生产、验收到吊装的全生命周期追溯。

智慧工地：现场施工方面包括人员、机械的智能化管理，实现人员实名制及机械的进出场追踪。此外，坪山会展项目通过平台附带的移动端对现场进行可视化监管及相关管理。在质量控制方面，无人机巡航实时上传项目整体形象进度，施工管理人员通过手机查看现场实时进度照片或问题整改照片，可及时发现质量问题。在安全管理方面，平台具备人员实名制系统、人员定位信息、视频监控信息等内容，账号统一管理，关键数据汇总，方便管理者对现场数据实时掌控。

幸福空间：智能化虚拟"幸福空间"，提供新建筑交付、全景建筑使用说明书、全景物业管理导航、全景建筑体检等服务，让后期运营单位的管理更加轻松。

整体来说，我们这个智能建造平台在架构上是非常完善的，同时在实际应用中属于一个动态升级完善的成长式平台，具备较大的发展潜力。

Q　项目实现的主要成果是什么？

A　首先坪山会展项目作为一个产品，我们完美交付给业主，实现了其运营目标。汉唐复兴建筑风格，准五星级酒店，以会带展的功能等，作为产品而言，这样一个大体量的工程在一年的时间内完成，从工期到质量等得到了业主较好的认可，就是我们项目最基本的一个成果。第二个想分享的是对EPC管理模式的思考。业主充分放权，将设计、采购及施工纳入工程总承包方管理范畴，以满足业主功能、标准及需求为目标，业主在放权的同时，又可紧紧把握关键点，这种EPC总承包管理模式也是目前国内在积极推广的管理模式。我们项目通过实践证明，该模式具有较好的优势，尤其对于装配式项目而言，同时也可提供该模式管理下的一些经验。第三点是关于装配式技术方面。目前装配式建筑行业倡导的系统性装配思维在坪山会展项目中得以实现，主体结构、外围护结构、机电、精装等均应用装配式技术。如何有效地将不同专业的构件合理装配，在项目实施期间也衍生了一些装配式相关的工艺工法及专利可供其他项目借鉴。

Q　装配式建筑在施工过程中有什么经验或体会值得和大家分享的？

A　主要有三点。第一点是装配式技术策划。对装配式结构体系的选型及相应的技术策划至关重要，在前期应明确哪些部分选用装配式，选用哪种体系。对主体结构、机电、精装、外幕墙、内隔墙、厨卫等都存在相应的策划及选择，不同的选择直接关系到最后的装配式评级。第二点是装配式构件信息集成。在构件设计及生产过程中，构件产品信息必须准确，包括预埋件、起吊位置、装配过程中的管线穿洞等，应在施工全过程进行信息沟通，避免后期的现场加工及处理。第三点是装配式样板引路策略。在现场实施层面，装配式项目中，样板先行策略非常重要。设计落地多少会存在一定的差别，在大面积吊装施工前，应通过样板确认实施效果是否可行。比如我们的预制楼梯，设计中采用预制踏步板用螺栓进行连接，但现场装配过程中，发现很多螺栓无法对孔安装的情况，并未能完全如设计般实现所需功能。因此现场装配时可提前发现问题，坪山会展项目不同专业在大面积实施前均先施工样板，如幕墙、机电、屋面、精装等，实施完成后由业主及EPC设计等相关成员进行确认。

Q　作为EPC项目部项目经理，你是如何管理和把握建设方向的？

A　我们作为EPC工程总承包方，我主要抓的是设计—采购—施工三个环节。首先需要管理最多的是设计部门，因为设计对现场影响是巨大的，其质量及进度至关重要。其次对采购方面要对各分包的合约规划、界面划分及成本测算进行控制。最后在施工层面，我们充分放权施工总承包单位，让其对各专业分包的质量、安全和进度直接管理负总责，如幕墙、屋面、机电、精装、园林等。但由于坪山会展项目的特殊性，我们EPC项目部也直接参与进度的管理。

Q　作为EPC项目经理，你的管理理念是什么？

A　EPC全过程管理的系统思维方式，即"以终为始"的全盘策划意识。

工程总承包管理需要在报批报建、设计管理、商务管理、进度管理、质量安全管理、竣工验收等方面进行全过程流程管理建设。一定要考虑到各环节相互之间的影响，做设计要考虑到商务采购及施工，做商务应考虑施工难度，做施工的也应该反过来考虑设计和商务。每一个环节都应采用系统思维的方式。各业务口、各部门的庞大信息资讯，诸如图纸、指令、往来函件、变更签证、方案、合同等内容，其信息的传递和共享应实现标准化和规范化，各环节紧密联合，通过系统化思维方式将各流程串联起来，有效实现全过程管理。

图1 项目全景

坪山高新区综合服务中心设计采购施工（EPC总承包）工程

1. 项目定位

　　深圳市坪山高新区综合服务中心是坪山区政府积极抢抓粤港澳大湾区发展和深圳东进战略的历史机遇，加速国际产业资源集聚的重点建设运营项目。项目定位上面向国际、对标一流，以会带展、以会促展，统筹兼顾专业精品展，与深圳会展中心、深圳国际会展中心形成深圳"一城三馆"格局，肩负着为坪山引入国际展览、高端会议、创新要素的时代责任，承担坪山城市国际形象推广、国际资源招商引进的重要功能，为奋力推动东部中心建设提质增速提供坚实的载体保障。

2. 项目概况

深圳市坪山高新区综合服务中心项目为汉唐时期群落式建筑风格，占地面积8.7万m²，总建筑面积13.3万m²。该项目作为全国首个EPC装配式钢结构酒店会展综合体项目，由会展中心、会议中心、国际星级酒店三大部分构成。其中，会展场馆功能面积20100m²，由10300m² A展厅、3500m² B展厅、2300m² C展厅和三层4000m² D功能厅组成；会议功能面积17840m²，由580m²新闻发布厅、420m²报告厅以及其他11个不同类型、面积的会议室组成；国际星级酒店引进格兰云天品牌运营管理，共计6层，客房306间（套），内设中餐厅、西餐厅、行政走廊、1200m²宴会厅，相关会议及用餐功能可同时容纳3650人使用。项目由深圳市坪山区城市建设投资有限公司出资，中建科技有限公司作为EPC总承包进行建设。

项目整体设计基于"开放建筑"理念，采用中式汉唐建筑风格，利用装配式建筑独有优势，在功能满足需求的基础上实现了空间变换灵活，建筑以"群落"形式布局，体现了中国传统建筑特征和对当地建筑历史文化的传承，整体外观恢宏大气，代表着高新区、创新坪山面向未来的雄心。

3. 项目建设情况

2018年2月11日完成项目备案，随后快速进行各项报批报建工作，到2018年5月28日获得建设工程施工许可证。经过近一年时间的施工，项目已于2019年4月29日正式竣工验收，并已开业运营。

图2　展厅部分

图3　会议部分

图4　酒店部分

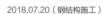

2018.04.25（基础及底板浇筑）　　　　　　　　2018.07.20（钢结构施工）

2018.09.20（各专业穿插）　　　　　　　　2018.11.11（全面移交精装）

2019.03.08（正式启动）　　　　　　　　2019.04.29（竣工验收及开业）

图5　施工进度情况

4. 装配式技术

　　该项目是全国首个按照国标通过设计阶段预评价的装配式钢结构项目，其中会展中心装配率88.3%，酒店区域装配率83.0%。预制构件包括钢柱、钢梁、GRC、玻璃幕墙、预制内隔墙、预制楼梯、机电系统、装修系统等，根据《装配式建筑评价标准》（GB/T51129-2017），本项目评价为AA级装配式建筑。

　　主体结构为钢结构，所有竖向、水平向钢构件均为工厂化生产。共耗用钢材1.7万吨，连接节点采用定型化、标准化节点，便于工厂加工及现场安装，高峰期同时采用8台塔吊及12台汽车吊进行吊装施工。

图6　钢结构现场施工图

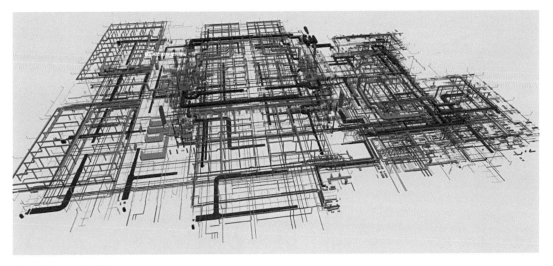

图7　机电BIM管综图

　　机电安装采用BIM技术进行协同设计、虚拟建造，解决错漏碰缺，实现工厂精准下料和精细化生产，减少现场切割、动火作业，采用装配式集成支吊架、装配式卡件法兰连接、装配式制冷机房等技术。

图8　架空地板工艺

图9　干挂石材工艺

图10　集成吊顶工艺

精装修方面，墙板、天花、地面等均采用装配式装饰装修，通过地面架空、墙面干挂、集成吊顶等技术手段，实现了"干作业、免抹灰"，避免了传统大面积湿作业带来的弊端，所有材料提前定尺、提前下料，现场装配、快速环保。

外围护结构采用工厂加工、现场拼装、整体吊装的通高超大单元玻璃幕墙（6.3m×10m）及GRC挂板体系，玻璃幕墙外侧加格栅做装饰效果。玻璃幕墙施工时，在地面把钢框架和玻璃面板组装成一个单元榀，再利用吊车配合高空车将整榀挂装到施工外立面上，顶部与钢结构梁通过地台码与钢挂件栓接，实现装配式施工。

图11　玻璃幕墙吊装　　　　　　　　　　　图12　玻璃幕墙最终效果

5. 智能建造

根据工程总承包的管理需要，结合装配式建筑的建造特点，中建科技有限公司自主创新研发了具有中建自主知识产权的"中建科技装配式智能建造平台"。平台包含数字设计、云筑网购、智能

图13　中建科技装配式智能建造平台界面

工厂、智慧工地、幸福空间五大功能；将EPC管理中涉及的设计、采购、生产、施工和运维五大模块有机地融合到平台中，集成项目建造上下游产业链，实现全方位、交互式的信息传递。中建科技有限公司在坪山高新区综合服务中心设计采购施工总承包（EPC）项目中，运用装配式建筑智慧建造平台对项目进行全面统筹管理，突破了传统施工管理模式。

数字设计：平台基于BIM 的预制装配式建筑设计技术，提供项目库、预制构件库、模型库三个层次的数据组织。该项目在设计阶段使用平台数字设计功能，将项目BIM模型轻量化处理后上传到平台服务器上，通过平台提供在线浏览BIM数据的服务，利用数据交互实现数据资源的共享。

图14 轻量化模型

图15 自动生成工程量及造价清单

图16　二维码追溯系统

　　云筑网购：该项目在采购阶段使用装配式建筑智慧建造平台云筑网购功能，根据各专业协同完成的全专业BIM模型，基于模型轻量化技术对BIM模型进行数据提取和数据加工，自动生成工程量及造价清单，并直接对接到云筑网完成在线采购，实现了算量和采购的无缝对接，保证了算量准确。

　　智能工厂：在构件方面，通过由BIM模型生成的构件唯一二维码，实现对构件从设计、生产、验收到吊装的全生命周期追溯。以单个构件为基本单元体，实现构件全生命周期的信息汇总。同时对接BIM轻量化模型，实现对工地现场进度的实时掌控。通过二维码构件追溯功能，该项目共计追踪生产构件207290个，对其中11300余个构件进行构件全生命周期追溯，为项目解决构件运输、安装、质量等问题270余项。

　　智慧工地：现场施工方面包括人员、机械的智能化管理，实现人员实名制及机械的进出场追踪。此外，坪山会展项目通过平台附带的移动端对现场进行可视化监管及相关管理。在质量控制方面，无人机巡航实时上传项目整体形象进度，施工管理人员通过手机查看现场实时进度照片或问题整改照片，可及时发现质量问题。在安全管理方面，平台具备人员实名制系统、人员定位信息、视频监控信息等内容，账号统一管理，关键数据汇总，方便管理者对现场数据实时掌控。

　　幸福空间：基于VR、全景虚拟现实技术，保证实现本项目的绿色节能、环保、质量优良实体空间；智能化虚拟"幸福空间"，提供新建筑交付、全景建筑使用说明书、全景物业管理导航、全景建筑体检等服务，让后期运营单位更加轻松便捷地进行管理。

6. 项目管理模式

　　项目采用EPC工程总承包模式，由中建科技有限公司作为EPC工程总承包，结合装配式建筑的产业特点，创新提出并采用"研发+设计+制造+采购+施工装配"REMPC五位一体工程总承包建造模式，充分发挥一体化建造思维，以项目为核心，对项目实施全过程进行严格控制，为全面提升工程质量、安全、进度管理效率提供了有力保障。

7. 项目履约成效

在建设过程中，项目荣获了各类重大奖项，包括广东省优质工程金匠奖、深圳市优质工程金牛奖、全国建设工程安全生产标准化工地、住建部科技示范项目等，并荣获2020年度鲁班奖荣誉。此外，项目荣获科技竞赛奖5次、施工工法10项、QC成果14项（国家级4项）、国家级期刊论文22篇。在施工过程中，承接了国家、省、市及协会等组织的装配式及智慧建造等方面的观摩、交流累计200余次，为推动促进及推广装配式建筑技术起到了关键性作用。

坪山高新区综合服务中心EPC项目部作为中建科技深圳分公司第一支授旗的青年突击队，以"逢山开路、遇水架桥""敢为人先、善作善成"的斗志昂扬的精神解决了一个又一个难点问题，克服了项目工期紧、任务重的困难，合理组织施工穿插，保质保量实现了完美履约。

团队合影

项目小档案

项目名称：坪山高新区综合服务中心项目

项目地点：广东省深圳市坪山区

建设单位：深圳市坪山区城市建设投资有限公司

总承包单位：中建科技集团有限公司

EPC团队：张仲华 樊则森 孙 晖 米京国 蒋 杰 冯伟东 文龙合
　　　　　张 伟 陈 伟 徐政宇 赵宝军 朱 迅 田李成 李 伦

摄　　影：坪山高新区综合服务中心项目部

整　　理：陈 伟

李磊

中国建筑第八工程局有限公司上海交通大学医学院浦东校区项目经理，兼任中建八局李磊装配式建筑施工技术创新工作室负责人，高级工程师，国家一级注册建造师及注册安全工程师。曾在杨浦区116街坊北块动迁安置房项目担任项目总工、杨浦区平凉街道18街坊住宅项目总工、前滩49-01地块项目经理。作为技术负责人或项目经理，从事多年装配式项目的施工及管理，具有丰富的装配式全产业链项目经验。先后获得中建八局上海公司优秀导师、上海市QC活动先进个人等荣誉称号。

先后组织参与《高层装配式住宅综合施工技术研究与应用》《装配式结构BIM深化设计技术探索与应用》《工业化建筑实施全过程管理研究》《装配式混凝土结构安装与支撑工具关键技术研究与应用》等多项装配式课题的研究。其中《高层装配式住宅综合施工技术研究与应用》获中建八局科学技术三等奖，并先后获得20多项专利、工法及QC等科技成果。

管理理念

以"责任、规矩、执行"诠释完美建造，助力企业装配式施工技术升级

为推动公司装配式建筑产业发展，在担任装配式建筑施工技术创新工作室负责人期间，依托杨浦区平凉街道18街坊住宅项目，带领团队进行装配式结构深化设计、施工管理、安全管理、成本管理等方面的课题研究和探索，科学筹划，攻坚克难，取得了一系列科技成果，顺利推动了公司装配式建筑的发展。

访谈现场

访谈

Q **请介绍一下你的教育背景及工作经历。**

A 我是2009年毕业于南京工程学院土木工程专业，然后入职当时中国建筑股份有限公司上海分公司，公司在2012年被合并为中建八局上海公司。做了三年施工员，在2012年年底开始担任项目总工，然后在2014年开始从事装配式项目的管理工作，2017年12月成为前滩49-01装配式住宅项目的项目经理。

Q **杨浦区平凉街道18街坊住宅项目（后简称"18街坊项目"）作为装配式建筑项目，与传统的项目管理主要有哪些区别？**

A 对于装配式项目管理，我觉得还是提前策划，提前深化设计，从设计方面我们就要提前深化，要把所有的问题进行全方位的模拟。塔吊附墙、施工电梯附墙位置，外脚手架悬挑型钢位置等都涉及预制构件的加工，需要提前考虑。还要配合设计院考虑，不管是模板的支撑体系、预制构件斜撑的支撑体系、机电预留预埋、幕墙埋件等，都要提前策划。

Q　在这个项目中，你在前期策划中最核心的技术点、关键路线是怎么寻找的？有什么可以和同行分享的经验吗？

A　在这个项目的初版设计当中，我们首先通过预制构件的重量，确定塔吊选型和确定运输的关键路线。通过构件的重量和平面拆分的位置，把塔吊的型号、场地的布置、预制构件的运输和堆放等全部确定下来。接下来就是整个项目的深化设计。然后，我们对整个装配式施工技术进行全面的梳理，依次总结了八个方面关键技术，分别是：装配式住宅的异形构件加工及养护施工技术、高层装配式住宅预制构件的运输及堆放施工技术、高层装配式住宅塔吊施工技术、装配式住宅异形墙体板的安装施工技术、装配式住宅预制构件双排套筒灌浆及防水施工技术、装配式住宅检测应用技术、装配式住宅干挂石材幕墙施工技术、BIM技术辅助装配式住宅施工技术，以及装配式住宅施工综合管理系统。还开发了一个软件，它可以实现构件的养护、验收、运输等方面监管的功能。

Q　请问18街坊这个项目哪些地方是最难的？

A　18街坊项目占地面积33007.3m²，总建筑面积119440m²，其中地上建筑面积86444.76m²，地下建筑面积32995.24m²。主要施工内容是9栋单元式住宅楼（4栋为现浇结构、5栋为装配式结构）及附属配套建筑，两层地下车库。从2014年12月开工至2017年10月竣工，共经历约三年的时间。

项目施工过程中，难度最大的是PC施工阶段。

第一个难点是PC吊装。由于18街坊项目是上海第一批装配式结构项目，现浇结构与PC结构之间转换层的预埋、吊具的选用、吊重复核、吊装施工工序、与现浇段的连接等，都需要一步一步摸索前进。

第二个难点是塔吊的定位与附墙。因为塔吊和传统现浇结构的附墙方式不一样，我们有部分附墙由于条件的限制只能附着在预制构件上，预制构件的受力较传统现浇墙的受力安全稳定性不像现浇段那么清晰明确。

第三个难点是外脚手架的设置及连墙件位置。由于是预制外墙，脚手架与结构的连接方式也不像传统脚手架那么容易，需要根据预制构件和现浇段的位置来确定连墙件的位置和连接方式。

第四个难点是PC灌浆。预制构件套筒灌浆是装配式结构最重要的受力节点，预制构件灌浆技术相对来说没有成熟的检测技术，它的可靠性检测是较为复杂的事情。

最后就是门窗位置及外墙的防水，每块预制构件都和现浇段有拼接，这样势必造成较多的施工缝，后期的防水处理也较为困难。

Q **通过18街坊项目以后，第二个装配式项目相比第一个，很多问题是可以预见的。你在策划这个项目的时候是怎么进行的？有没有去给别人讲课培训相关经验？**

A 现在这个前滩49-01地块项目，建筑面积约6.7万平方米，项目团队有20人左右，总工期约两年半。

我们再重新做这一类项目的时候，以下几点我们都会提前考虑并策划：

第一个是PC的深化设计；

第二个是现场的平面布置，涉及PC构件堆放以及场内交通路线；

第三个是我们所采取的施工措施，例如：塔吊选型及布置、外脚手架设计、施工电梯的选型；

第四个就是灌浆技术。

目前，上海市大力推广装配式结构，我们公司的在施装配式项目有20多个，占到总比例的1/3，近两年接的项目也基本都是装配式结构。

由于我是做装配式结构施工最早的一批人，也会去和相关的专家、项目交流装配式结构施工的经验。我主要讲的是灌浆技术，还有一个是PC的技术管理要点。

Q 从装配式施工的角度来说，你觉得在装配式施工领域存在哪些问题?

A 我们去年刚好做了一个相应的课题。根据我们的调研，第一个问题是工业化程度低，出现的源头还是在设计上，也可以说是业主身上，因为每一个业主对他的户型的设计都有不同的要求，没有形成标准化的、统一的设计标准，一个项目的构件种类就有上百个，必然会造成目前的装配式工业化程度低，生产效率低。

第二个问题是预制构件对堆放空间要求大，预制构件厂的预制构件的加工速度是比施工速度要快的，比如工厂两天加工一层，但我们施工是一个星期一层，构件厂和现场的堆放空间是不充足的。

第三个问题是供货不及时的问题。一部分是现场和构件厂协调配合不到位的原因，也有一部分原因是构件厂同时供应多个项目情况下的运输压力和产能压力造成的。

第四个问题是对地库顶板结构的影响。施工单位的堆场和场内交通路线一般都在地库顶板上，现在的预制构件堆场的荷载，还有构件运输车都是大型平板拖车，车子的反复碾压可能会对地下车库顶板产生一定的损伤，产生的细裂纹会对顶板防水造成影响。

第五个问题是结构的安全性。目前装配式结构大多还是靠灌浆套筒连接的，灌浆饱满度的检测现在还没有比较好的方法，灌浆质量全凭施工操作人员自己的责任心、工匠心，所以对灌浆作业人员的资质要求是很高的。

第六个问题是结构剔凿。由于施工过程中各方面原因，无法避免会有设计变更，导致PC构件的预埋机电管线及点位、钢副框、幕墙预埋件等会有所偏差，后续还需要结构剔凿或者埋件后置，这些对结构均会有所损坏。

第七个问题是装配式的预制深度不足，目前仅仅是预制墙、板、楼梯等结构以及结构内的一些预留预埋等，没有把幕墙、内装、卫生间等考虑进去，所以装配式还有很长一段路要走。

Q 从施工质量来说，传统现浇结构和装配式，你认为哪个更好?

A 如果我们没做过装配式，还是觉得现浇的好，既然我们做过装配式结构了，逐渐发现装配式还是有其独特的优点的。因为预制结构在设计的时候，比传统的现浇更保守一点。

第一点，从施工管理的角度来说，装配式建筑安全更可控一点。装配式工程的劳动强度，不像传统的现浇能用人海战术，例如一层现浇的，能用100个劳动力去完成这个东西。但装配式必须按部就班地去做，不能用人海战术。这样现场相对来说安全性更高一点。

第二点是装配式建筑比较符合整个国家政策的导向，让工人在工地里进行施工不如进工厂进行流水作业，更安全规范，也更有保障。而且考虑到中国未来农民工数量会越来越少，现在提高建筑工业化就是提前谋划往后十年发展的大趋势。

第三点是质量。我觉得装配式建筑的质量控制相对来说容易受控，只是目前还没有经过抗震的检验。但常规的质量要比现浇的质量好。唯一的缺点，我觉得是灌浆，没有那么透明，如果把灌浆这个问题解决了，我觉得质量要比现浇结构好得多。

第四点是绿色施工。装配式建筑现场施工的内容较现浇段要减少很多，它所产生的垃圾、扬尘、污水等比传统现浇的要少很多，这样更容易做到绿色环保施工。

Q　**你对装配式建筑的设计有哪些好的建议？设计怎么做才能使装配式施工更科学、更合理、更方便？**

A　我们觉得要对装配式建筑的设计进行统一规范。预制构件深化设计的东西是要有标准的，像支模用螺杆区分为止水和对拉，像吊装用的预埋件可以设置U形箍、螺旋箍、球形铆钉，这些带来的效果都是不一样的，那么设计要做的就是尽量使每个项目在设计方向上是一致的，要统一标准。

但是不同的设计院、不同的设计师，都有着不同的理念，造成后面工厂化效率低，批量化生产难度大，而且不同项目户型是有所区别的，比如都是90m²的住宅也会有不同户型。

各家房地产商的项目，肯定会做自己的风格，或者迎合领导的平衡标准，有时领导觉得90m²做成两房就可以了，而有些开发商会想做成三房。还是那句话，社会的需求不同，房地产开发商的定位也不同，如果都拿来一套户型，那就不符合市场多样性的需求。所以，不同项目的PC构件差异性较大、不能通用，造成了构件厂效率低。

Q 你对PC构件厂有哪些体会和要求？

A PC构件厂，从我们的角度来说，加工的质量和精度还要提高，因为它毕竟还是手工做的活，要考虑精度。再就是运输，因为我们是在市区，运输货车不是24小时能进来的。还有就是钢筋混凝土，用的是构件厂的检测与报告，工程资料还没有与国家归档资料形成有效结合，还主要是依据地方标准做资料。

我前面说的18街坊项目是住总构件厂做的，我现在做的这个前滩49-01是上海建工材料构件厂做的，我们选择PC构件厂的时候是根据两个因素选择：一是价格，再一个是距离。我现在这个项目在浦东，建工构件厂就在浦东，离得比较近；如果我选择住总，距离远的话构件供应就不可控。

这两个厂都是国有企业，大的方面来说相对还是比较配合，不管是供货的及时性，还是产品的质量，都比较好。原来住总是做日本出口的，它的质量肯定是非常好。但建工厂我们看重它生产能力强，一天出货量远超住总，像赶工时能出得来货。我们选择的时候都考虑大厂，除了考察这两家，还有八局自己的中建航、城建等，我们考察的都是国有企业，民企的没有考虑。

Q 你从第一个项目到现在，也经历了好几年，我想请教一个稍微宏观的问题，你觉得中国装配式建筑行业前景怎么样？

A 我个人觉得还是有光明的前途。第一，它符合未来发展的方向，也就是做产业化工人，不再找迁徙的农民工，能把不稳定的因素和老龄化的问题相对减少；第二，不管是国家提倡的蓝天白云行动，还是绿色施工的要求，装配式对节材节能是有帮助的，虽然不能从根本上解决建筑企业的浪费，但一定程度上减轻了负担。比如以前打混凝土产生老的混凝土，还要用大量模板、木方，现在都"以钢代木"了，响应了绿色施工的要求；第三，从安全管理角度来看，不管是人的隐患还是机械的隐患，都方便控制。

目前，施工企业做出的装配式项目质量还是参差不齐，有的郊区项目质量就不是很好。做得好的国企有中建和上海建工，民企的上海龙信、浙江中天这些企业做得也不错。但总体来说，还是中建和建工做的项目比较多，当然内部也会有一些参差不齐，也不能一概而论。

现在最好做的是预制楼梯、预制板（楼板、空调板），其受力比较明确，施工方面预制比现浇更方便。

辽宁主要集中于大规模的保障房，商品房比较少，相对比较单一。当时去辽宁构件厂看的时候，感觉它们也是处于一个半死不活的状态，开始集中开发了一片区域，但后续的政策没有跟上。南京各个方面的要求比较多，做了很多的商品房。北京和深圳倒是没有怎么去看过，但听说深圳做了一个全钢的住宅，理念比较新颖。

中建八局做装配式项目开始得比较早，做的类型也比较多，当时在东北做过那种大跨度的装配式停车楼，很多项目都是业内第一次做，装配式住宅相对来说是比较传统的，新兴的东西后续也在着手做。

Q **中建八局对未来装配式建筑的施工有什么预期和定位？**

A 一方面在传统的领域中继续保持，同时也想开拓一些新的领域，比如刚刚提到的停车楼甚至未来某些装配率能达到90%以上的建筑，另外想开发一些小型的建筑，比如售楼处、小型厂房等。

这些项目由中建八局的工程研究院负责研发，工程研究院有两三百人，主要是博士和博士后。工程研究院有一个国家重大项目的课题，每年有大量的资金投入，我也做其中一个装配式支撑体系研究的子课题。

中建有自己的研究院和设计院，我们也是刚刚成立，也有装配式结构的研究方向，但仍处于起步阶段。以后八局装配式建筑的发展方向也会延伸到设计，因为做总承包肯定会涉及设计、装修等各个方面。

Q 作为一个项目经理，你对自己未来三到五年有什么规划？

A 我在我们公司中建八局的推动下成立了一个装配式建筑施工技术创新工作室，成员有十几个人，都是公司装配式项目总工或者技术骨干兼职的。

未来几年我想依托我们的装配式创新工作室做出一些成果，能够给其他装配式项目提供一些技术上的指导，并且继续对更新颖的装配式技术进行深入研究，同时和外部单位对新的研究方向进行课题合作，争取新的突破，做出一些成就。

图1 项目效果图

前滩49-01地块项目总承包工程

1. 项目定位

上海前滩国际商务区位于黄浦江南延伸段,北临世博后滩拓展区和耀华地块、西临黄浦江和徐汇滨江地区,沿黄浦江岸线长约2.3公里,沿川杨河岸线长0.8公里,总面积2.83平方公里。作为世博后续利用的重点地区,定位为上海城市转型发展、功能提升的重要载体,打造集总部商务、文化传媒、体育休闲等功能为一体的上海城市副中心。

本项目由上海陆家嘴(集团)有限公司子公司上海前滩国际商务区投资(集团)有限公司开发,基地位于浦东新区前滩地区,基地东临江高路,南至春眺路,西至49-02和49-03地块,北至高青西路,是区域内商品住宅的典范。

2. 项目概况

前滩49-01地块项目共5栋16层住宅楼，均采用装配整体式剪力墙结构体系，单体预制率都超过40%，主要预制构件包括：预制墙板、预制飘窗、预制楼梯、预制叠合板、预制阳台及空调板等。竖向构件采用套筒灌浆连接，预制构件窗口预埋钢副框，外墙采用防水雨布进行防水。具体情况如下表：

前滩49-01地块5栋住宅技术数据 表1

楼号	层数	高度（m）	地上总面积（m²）	主要技术体系	预制外墙面积占比	装配部位	预制装配率
1号楼	16	49.4	7426.79	外墙围护预制构件，局部叠合梁预制体系，装配整体式剪力墙结构	68.0%	3～16层	40.78%
2号楼	16	49.4	7654.64	外墙围护预制构件，局部叠合梁预制体系，装配整体式剪力墙结构	68.0%	3～16层	40.78%
3号楼	16	49.4	8444.83	外墙围护预制构件，局部叠合梁预制体系，装配整体式剪力墙结构	76.0%	3～16层	40.98%
4号楼	16	49.4	8594.91	外墙围护预制构件，局部叠合梁预制体系，装配整体式剪力墙结构	76.0%	3～16层	40.20%
5号楼	16	49.4	8578.38	外墙围护预制构件，局部叠合梁预制体系，装配整体式剪力墙结构	76.0%	3～16层	40.98%

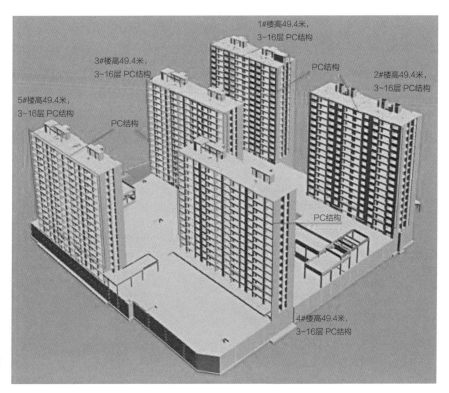

图2 项目各栋楼高度及结构情况

3. 项目建设情况

项目自2017年9月启动办理规划许可证，到2020年10月30日完成竣工备案，现已移交物业公司办理业主入住。

项目建设时间表　　　　　　　　　　　　　　　　　　　　表2

阶段	起止时间	具体内容说明
报规	2017年9月1日-2017年11月24日	规划许可证
报建	2017年11月25日-2017年12月14日	施工许可证
临建	2017年12月1日-2017年12月20日	临水临电以及临建施工，具备办公条件，生活区完成
桩基围护施工	2017年12月18日-2018年4月20日	围护施工及桩基施工
基础底板施工	2018年4月30日-2018年9月1日	基础底板施工
地下结构施工	2018年9月1日-2019年1月21日	地下室结构施工
地上结构施工	2019年1月22日-2019年7月26日	地上PC结构施工
地下二结构	2019年5月16日-2019年6月18日	地下砌筑施工
地上二结构	2019年6月10日-2019年10月6日	地上砌筑施工
装修及机电	2019年6月20日-2020年7月31日	装饰装修及机电施工
竣工备案	2020年8月1日-2020年10月30日	各项竣工验收及备案

4. 装配式技术

4.1 采用构造防水的预制外墙，实现外窗（副框）一体化

● 预制构件窗洞预埋钢副框，并在窗口设置翻坎，通过混凝土结构进行自防水的构造。

● 在窗口外侧除了常规防水处理外加铺贴一层特制防水雨布，作为防水加强层。

● 防水雨布外侧进行面层防水砂浆抹灰或幕墙饰面处理，并做斜坡处理，避免积水。

● 本项目除了1~2层现浇层外，3层及以上所有外窗都是此做法，应用比例87.5%。

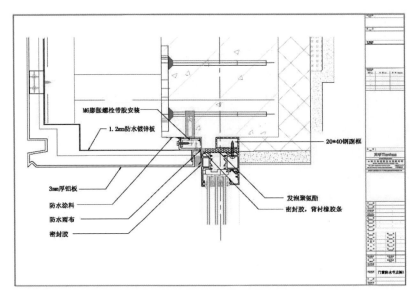

图3 预制外墙外窗构造防水做法

4.2 采用高效、高精度的新型模板、支撑系统

● 为提高本项目现场现浇结构的效率，并控制好现浇结构的质量，现场对于核心筒、转角及平面柱位置都采用了定型化模板系统来进行施工，并取得了良好的效果。

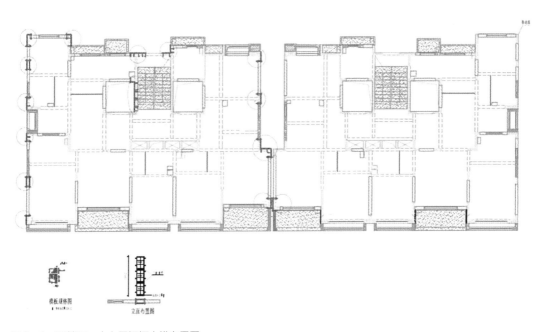

图4 1、2#楼三～十六层钢框木模布置图

● 本项目外墙定型化模板系统占比约60%

图5 外墙定型化模板

4.3 采用二维码技术在生产、安装、验收阶段进行信息化管理

● 生产、运输阶段的二维码信息

图6 生产、运输阶段二维码可溯

● 安装阶段的二维码信息

图7 安装阶段二维码信息明确

5. 基于BIM的多专业协同深化设计与施工管理

5.1 BIM模型辅助深化设计

装配式建筑与传统现浇建筑从设计到施工均有较大差异，因此需要进行深化设计。

● 通过使用BIM三维模拟技术，实现了可视化设计，并模拟确定预制构件拆分的最佳可行性方案，例如：预制构件的位置、大小、数量等情况。

● 将包含有建筑、结构信息的模型与给排水、电气、幕墙等模型进行整合，将混凝土、钢筋以

及各种预留预埋等在模型中表现出来，实现了将各个专业整合到预制构件内的深化设计。例如：为了加强飘窗的防水效果，深化设计中将钢附框预设到构件中，而不是后期安装。

● 对于预制构件与现浇混凝土的连接节点进行深化设计，确定节点连接处的形状、表面处理方式和连接钢筋的预留，保证节点的强度且便于施工。

● 通过BIM软件直接生成统计表、平面图、大样详图等。

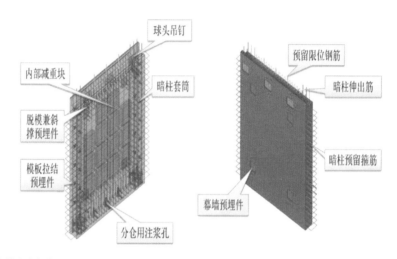

图8　BIM技术辅助常规构件深化设计

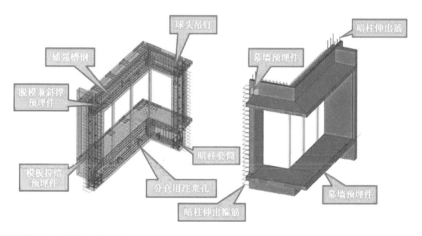

图9　BIM技术辅助异形构件深化设计

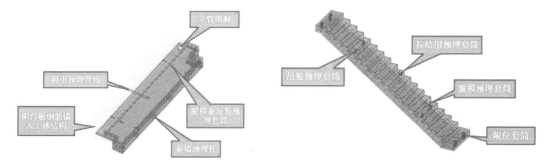

图10　BIM技术辅助阳台板深化设计　　　　图11　BIM技术辅助楼梯深化设计

5.2 BIM技术分析水平连接节点

采用BIM技术对构件间水平连接节点进行详细模拟，分析套筒定位关系、箍筋与套筒的连接关系、箍筋与竖向钢筋的位置关系、多个箍筋间的设置位置、墙体伸出封闭箍的长度、箍筋开口方向等一系列问题，有效保证水平连接节点的有效性，更好地促进现场施工，具体分析详见下图。

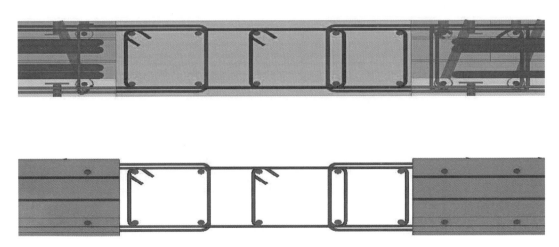

图12 BIM技术模拟水平连接节点

5.3 BIM技术分析竖向连接节点

采用BIM技术对构件间竖向连接节点进行详细模拟，分析套筒与现浇段支模螺杆定位关系、箍筋与套筒的连接关系、箍筋与竖向钢筋的位置关系、多个箍筋间的设置位置、墙体伸出封闭箍的长度、箍筋开口方向等问题，有效保证竖向连接节点的有效性，更好地促进现场施工，具体分析详见下图。

图13 BIM技术模拟竖向连接节点

5.4 单面墙体套筒连接方式

利用BIM技术，对单面墙体的套筒位置与预留钢筋进行详细定位，确保各构件中套筒的位置最有利。

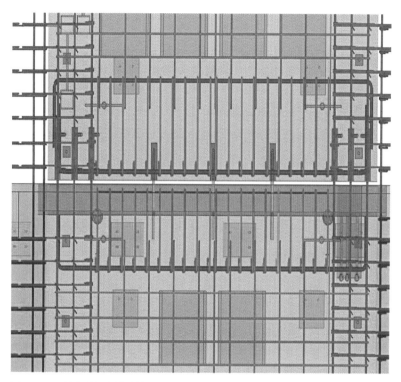

图14 BIM技术分析套筒连接节点

5.5 BIM技术分析箍筋连接方式

利用BIM技术，对单面墙体的暗梁区域封闭箍筋、墙体间现浇段预留箍筋的大小、位置分析模拟，确保各构件中套筒的位置最有利，详见下图。

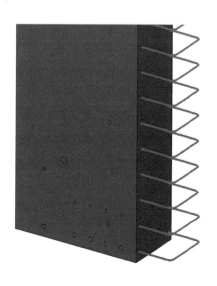

图15 BIM技术分析箍筋连接节点

5.6　BIM技术分析机电管线连接方式

利用BIM技术，对单面墙体的机电预留管线的大小、位置分析模拟，确定管线的连接方式及与结构预留套筒的位置关系，深化分析机电管理的最有利布置位置，避免影响结构施工。

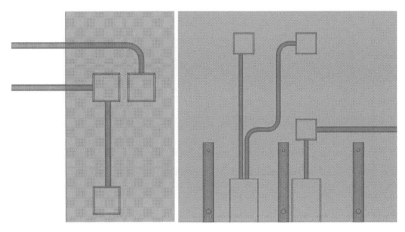

图16　BIM技术分析机电管线连接节点

5.7　施工模拟

通过BIM深化设计技术与装配式建筑施工技术相结合，对现场施工做了较大的优化。首先，常规装配式施工采用实践中摸索，不断地根据施工情况进行修正，三维建模从实况模拟现场情况，并从场平布置、构件进场、构件吊装、灌浆等进行动态模拟，提前确定最佳方案。其次，BIM施工模

图17　BIM成果展示土建BIM模型预览当前成果

拟的优化、总结，对后续工程的构件现场施工提供经验借鉴，有利于技术推广应用。再次，降低了施工成本，缩短了施工工期，施工质量更加可控，符合国家绿色施工要求和装配式、工厂化的建筑趋势。

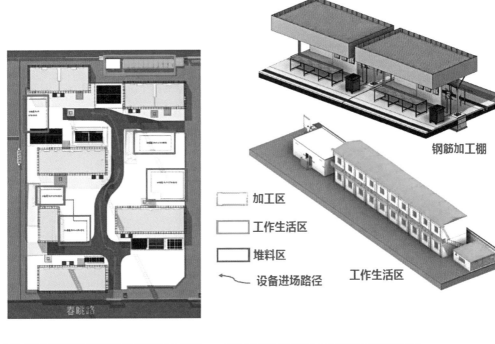

钢筋加工棚

加工区

工作生活区

堆料区

设备进场路径

工作生活区

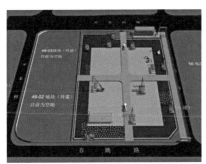

桩基阶段

挖土阶段

装配结构

结构阶段

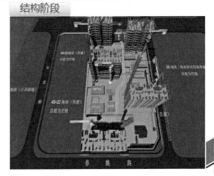

图18　BIM成果展示施工实施阶段-设备材料管理

6. 项目管理模式与团队

　　项目实施过程中提炼装配式建筑施工过程中的技术成果，同时由于政府部门对装配式建筑的大力推广，业主追求更加高端，构件形式更加多变，装配式方式更加复杂，节点处理要求更高，项目部不断进行科技研发，紧贴市场需求，研发适用性更强、应用类型更广的装配式建筑施工成套技术，提升公司的市场竞争力，培养、锻炼装配式团队，带动了公司整体科技水平的提升，营造了公司科技创新的工作氛围，培育了更多的学习型、创新型人才，打造了公司核心竞争力。

　　以"责任、规矩、执行"的项目文化理念，团结协作，发扬中建八局"铁军"风格，培养造就了一批施工、技术、质量、安全、成本、BIM等不同方向的装配式施工综合管理人才，同时也培养了一批装配式施工专业技术工种，为后续PC建筑施工储备各专业人才。

团队合影

项目小档案

项 目 名 称：前滩49-01地块项目
项 目 地 点：上海市浦东新区前滩国际商务区
业 主 单 位：上海前滩国际商务区投资（集团）有限公司
设 计 单 位：上海天华建筑设计有限公司
施 工 单 位：中国建筑第八工程局有限公司
项 目 负 责 人：李 磊
研 发 团 队：李 磊 侯 静 游成林 黄 帅
稿件整理参与人：游成林

范振江

上海宝冶集团有限公司项目经理，中共党员，学士，高级工程师，国家一级注册建造师。作为项目经理，2014年开始从事装配式项目技术与项目管理，目前已完成四个装配式项目管理，分别对装配式内墙保温、装配式夹心保温、框架结构外保温具有一定的研究，具有丰富的装配式项目管理经验。

负责和参与省部级的科技成果研究，并形成了省部级科技成果《装配式剪力墙结构住宅综合协同建造技术与应用》；负责和参与装配式科技开发项目"房地产项目建筑信息化管理方式研究及应用""叠合楼板、夹芯保温装配式剪力墙体系施工技术研究及应用""装配整体式框架结构施工技术研究与应用"；2014年至2020年在装配式建筑技术方面有1项科技成果、3项技术开发、15项应用及发明专利、5篇论文、3项工法等成果，在混凝土剪力墙体系施工方面有较深入的研究。

2013年至2020年在创优创奖方面，通过前期策划及方案的编制，后期组织实施，目前在质量方面取得的成果有：C10地块1#2#4#5#楼获得"宝山区优质结构工程"及"上海市白玉兰群体奖"，市北高新项目获得"静安区优质结构奖"、11#楼获得"上海市白玉兰工程奖"。在安全文明方面，C10地获得"上海市文明工地"及"上海市AA级文明工地"，市北高新项目获得"静安区绿色工地"，杨行杨鑫项目获得"上海市绿色达标工地"等。

个人荣誉方面：上海宝冶优秀共产党员、2016年宝冶建工先进个人、2016年上海宝冶集团先进个人、宝冶建工青年科技创新团队带头人、全国一级注册建造师。

管理理念

- 整体化管理理念：全局出发、系统分工、综合协调、全面管控。
  作为领队人，立足全局系统观，团队责任分工明确责任到人，团队协作高效，提高团队核心竞争力。

- 精细化管理理念：精心策划、样板先行、过程管控、一次成活。
  PC节点深化具体到点，利用新技术（BIM）模拟施工动画，及时深化修复存在的缺陷；推行实体样板，综合协调技术保障、资源准备，落实样板引路技术工艺交底制度；施工过程加强监管力度；一次完成合格的产品。

- 具体化管理理念：复杂问题简单化、简单问题标准化、标准问题常态化。

访谈现场

访谈

Q 请简单介绍一下你的教育背景和从业背景，是如何接触装配式建筑的？

A 我是2008年毕业于内蒙古科技大学，毕业以后就进入上海宝冶集团有限公司。上海宝冶集团有限公司装配式建筑第一个项目是从2014年开始的，我从2014年至今一直从事装配式建筑管理工作。先后在"静安府项目""美兰湖学校项目""杨行杨鑫社区项目"担任项目经理职务。

Q 请简单谈谈"静安府项目"传统建筑与装配式建筑的本质差别。

A 装配式项目大部分构件都是在工厂（构件厂）加工制作，现场进行吊装拼装和校正。与传统建筑形式相比，装配式建筑具有施工速度快、工厂生产产品质量好、生产效率高、节省人力及资源等优势，推进建筑行业由施工现场劳动密集型行业转向工厂产业化的发展，具有极其广阔的应用前景。

静安府项目PC外墙构件采用夹心保温剪力墙体系，外墙构造为：60+30+200（60厚外墙外叶板+30厚保温+200厚剪力墙）"哈芬"连接。

从施工层面，装配式建筑施工做法需要前期策划设计，在现浇结构现场施工时，可以采用模板现场拼接，而PC构件则为工厂预制后运输至施工现场，再调整难度很大；PC构件加工前不仅要考虑构件开模难度，还需要增加PC构件吊装深化、安装固定深化、机电预埋深化、外脚手架预留（工字钢）洞口深化、暗柱钢筋连接节点深化、钢筋碰撞深化、塔吊附墙深化、升降机附墙深化。

Q 请简单谈谈"静安府项目"装配式建筑施工前期深化的重要性。

A PC构件吊装深化是在PC构件中预埋吊环等经过受力计算满足后续起吊安全；安装固定深化是在竖向构件中增加灌浆套筒定位，便于现浇结构预留插筋及构件与构件之间连接；机电预埋深化，为满足PC构件中预埋管线与现浇结构预埋管线连接布管问题，包括叠合板布管深化；外脚手架预留（工字钢）洞口深化，因本项目为17层住宅，高度为53.450米，层高为3.100米，外架形式采用落地脚手架（1-6层）+悬挑脚手架（7-12层、13-17层），为满足悬挑外架受力计算增设工字钢，工字钢定位与PC构件主筋、灌浆套筒产生碰撞，经过反复优化定位，满足外架受力计算后提交并与设计复核是否满足主体结构受力计算；暗柱钢筋连接节点深化，为确保后续暗柱钢筋绑扎及浇筑封膜技术难题；钢筋碰撞深化，为避免PC构件中钢筋与钢筋发生碰撞，现场调整难度大，影响工期和质量；塔吊附墙、升降机附墙深化，为满足塔吊、升降机与主体结构附着时满足受力要求，确保安全。

总之，将后续施工步骤和工艺与PC构件相关的方面均要在前期构件生产前一次性深化到位，避免后道工序与之碰撞，产生冲突。做到精心策划、样板先行、过程管控、一次成活。

Q 你是通过什么方式了解到需要深化上述技术问题的？

A 在罗店大居项目有了一定的装配式管理经验和通过外部考察其他项目基础上，一边学一边完善，从而得出上述技术问题需要在前期策划时解决。

Q 你对装配式建筑前期策划的思路是什么？

A 对装配式建筑前期策划的总体思路是"七分准备、三分干"。所有的设计图纸全部进行"BIM建模",构件依次拼装三维软件模拟施工,涉及钢筋碰撞、尺寸偏差、构件衔接。存在问题的包括预留工字钢、塔吊附墙等进行三维模拟,发现问题后带着三维模型与设计沟通调整设计图纸,指导构件生产,从而使加工运至现场的PC构件满足施工要求。充分的前期策划准备之后技术上、标准上、可实施性上没有问题,后续人员、机械、材料、相互协调配合的准备相对就比较简单了。

Q 请问前期策划准备总包、构件厂、设计都需要哪些人员跟踪策划落实?

A 总包技术人员3人、构件厂2人、设计深化2人,定期每周开会碰头协调,细部节点问题建立沟通交流平台(QQ或微信群)。

Q 请问通过"装配式项目"成熟的管理经验,形成了哪些成果?

A 已经在"智慧芽"专利网站发表的2014年至2020年在装配式建筑技术方面的成果有:1项科技成果、3项技术开发、15项应用及发明专利、5篇论文、3项工法、1项科技成果(装配式剪力墙结构住宅综合协同建造技术与应用);主要应用于施工现场装配式建筑,包括吊装、安装的工器具,使现场施工时简单、快速、高效。

Q 通过"静安府项目"成熟的管理经验,有没有过对内部员工培训或讲课?

A 以"装配式项目管理"为题,在公司内部讲课和交流,并授予"上海宝冶内部装配式讲师"荣誉,主要讲授装配式项目与传统项目的区别和前期策划注意事项,包括前期策划准备的重点、过程管控的重点、需要重点把控的质量安全的部位。

Q 请问"静安府项目"获得了哪些奖项?

A 2017年6月获得上海市装配式建筑示范项目;2018年1月11号楼、18号楼获得上海市静安区优质结构工程;2018年1月获得上海市静安区绿色施工工地;2019年1月11号楼通过了上海市"白玉兰奖"评审并公示;2019年2月11号楼获得上海市静安区优质工程(静安杯)称号。

Q "静安府项目"外立面和内部采用哪种形式？

A 外立面1-4层采用干挂石材，5-17层采用真石漆，内部为精装修，效果品质很好，建设单位定位为高档住宅小区。

Q 请问"静安府项目"还有哪些特点？

A 本项目最大的特点就是外墙采用"夹心保温"，一方面解决外墙采用无机保温砂浆容易脱落的风险，另一方面避免了采用内墙保温交房时业主往往会将内保温铲除（以获得室内净空扩大的优势）的情况出现。

同样，采用"夹心保温"，外墙仅需做腻子真石漆即可，节约了工期。

Q 从施工角度来看，对设计方和构件生产方有没有什么建议？

A 我也一直在思考装配式构件运至施工现场，从设计和构件厂角度如何深化能便于现场简单、高效施工。

首先，设计方面，建议PC构件要标准化、通用性构件，如果采用异形构件施工要单独编制专项施工方案、施工工器具要做专用工器具，异形构件拆分较难。本项目最重构件达6.88吨，因售楼的特点采用飘窗整个室内空间会变大，视野比较开阔，因此施工难度很大。

构件厂方面，通用构件在加工时可以蒸养工业化程度高、效率高；而异形构件无法完成蒸养，需要分批次浇筑、在自然条件下养护，工业化程度低、效率低，从构件开模、加工、养护、运输至施工现场周期很长，至少需要2个月，装配式的优势体现不是很明显。

目前，还是个性化的市场导向，没有形成通用性的做法。同样，通过采用异形构件施工，我们对异形构件掌握更深了，而且对通用构件更加了解。

Q 从施工角度来看，目前装配式建筑还需要哪些改进？

A 从设计方面，局部暗柱节点做法钢筋的锚固方式建议改进，因传统做法会导致现场钢筋碰撞严重，导致构件安装极其困难。例如：弯锚钢筋更换成锚固板或直锚焊接，箍筋采用开口箍后续加强，便于钢筋绑扎施工。设计师目前对现场可操作性不强，随着装配式建筑的发展，对设计师要求也比较高，要求设计师对现场施工节点工艺做法清楚，设计更具有可实施性。

Q 目前上海市装配式处于什么水平和发展趋势？

A 从2010年开始，上海市装配式建筑运用在全国属于推广力度很大的城市。现在上海市要求装配率不低于40%，从目前来看上海装配式建筑结构安全、渗漏包括外墙发展比较稳定。政府也通过奖励容积率来激励开发商采用装配式建筑。个人来看，装配式建筑将会向周边城市推广，是未来建筑业的一个发展趋势。

Q 从现场施工的角度来讲，装配式建筑的优势有哪些？

A 现场湿作业劳动力减少，便于现场管理；节能环保，减少现场模板使用量，混凝土浇筑放量减少，施工噪声减少；技术深化逐渐成熟，通过这几年的发展，包括现场施工的劳务班组、吊装班组、灌浆班组已经较为成熟，包括现场管理人员的管理水平也逐步提高。目前，上海市纯现浇结构已经退出历史舞台。

Q 请简单谈谈未来5—10年装配式建筑会有哪些完善？

A 个人来看，未来5—10年外墙涂料饰面、室内精装修均会采用装配式，在工厂加工好，运至现场拼装，在现场仅需要处理好连接节点即可，大量减少现场作业人员数量。

Q 从作业队伍来看，装配式建筑带来了哪些改变？

A 传统建筑现场操作工人主要有钢筋工、木工、混凝土工，采用装配式建筑后现场操作工人主要增加了吊装工、灌浆工。从人员数量上来看,传统的钢筋工、木工、混凝土工减少将近一半,吊装工和灌浆工加起来不到20人,整体上大大减少了现场作业人员的数量;人员流向工厂(构件厂),构件加工需要增加劳动力;施工现场材料也减少了,整个场地也趋于整齐。

在前期施工前,要对作业班组反复交底(BIM模拟),便于指导现场施工。

图1 项目效果图

市北高新技术服务业园区N070501单元09-03地块住办商品房项目（一标段）

1. 项目定位

　　静安府-新静安CBD生活范本，位于上海市静安区大宁板块，由华润华发双500强企业联袂打造，是上海市中心近十年来首个近70万m²超大体量整体开发的国际住区，静安府以"将静安CBD繁华融于社区之内"为规划理念。静安府融合精工府邸、低密院墅、总部办公，以静安百年风情打造社区景观十字中轴；同时，社区内还配套菜场等，多元生活融为一体，真正将静安都会繁荣融于社区之中，周边配套完善，约500m为地铁1号线汶水路站，交通便利。

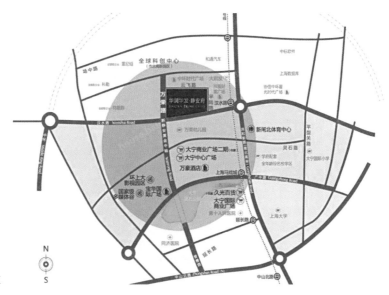

图2　静安府交通区位

2. 项目概况

　　市北高新技术服务业园区N070501单元09-03地块住办商品房项目（一标段），占地面积约4㎡，地上总建筑面积约7.63万㎡，地下总建筑面积约3.95万㎡。该项目由6栋17层高层住宅楼、14栋四层叠拼住宅楼、3栋六层叠拼住宅楼及地下车库构成。其中，6栋高层住宅楼为剪力墙结构，采

图3　叠拼住宅楼

图4 高层住宅楼 图5 样板房实景

用预制外墙夹心保温体系，4栋为两单元拼接住宅，每单元2户；14栋四层叠拼为框架剪力墙结构，其中1栋为4单元拼接，8栋为3单元拼接，5栋为2单元拼接，每单元4户；3栋六层叠拼为框架剪力墙结构。2栋为2单元拼接，1栋为3单元拼接，每单元6户；地下车库为框架结构。项目由上海华泓尚隆房地产开发有限公司出资，上海宝冶集团有限公司总承包建设。

3. 项目建设情况

2016年5月31日获得第一批建设工程施工许可证，经过近三年时间的施工，第一批项目已于2018年12月4日正式竣工，通过验收备案，并完成交付。

2016年7月30日（项目首次吊装） 2017年7月10日（主体结构封顶）

图6 项目进程

2018年8月10日（全面交精装施工）　　　　　　　2018年12月4日（竣工备案）

图6　项目进程（续）

4. 装配式技术

本项目有6栋17层装配式住宅、17栋4～6层叠拼装配式住宅。除核心筒结构（楼梯间、电梯间）、局部内墙为现浇结构外，其余结构均为装配式夹心保温剪力墙体系。该体系预制部分为：预制外剪力墙、局部内墙、阳台板、构造柱、预制叠合楼板、楼梯。预制率为37%～40%。

主体结构为剪力墙结构，所有竖向、水平向PC构件均为工厂化生产。连接节点采用定型化、标准化节点，便于工厂加工及现场安装，高峰期同时采用10台塔吊进行吊装施工。

项目装配式技术数据　　　　　　　　　　表1

楼栋号	结构体系	单层构件数	装配范围	预制率
11、16、17、18#	PC	127块	5-17层	37.00%
12、15#	PC	74块	5-17层	40.97%
叠排	PC	86块	1-6层	37.00%

4.1　辅材准备

辅材备料表　　　　　　　　　　表2

编号	材料名称	使用部位	规格型号	单位	数量	备注
1	钢板垫片	构件下部找平使用	40mm×40mm×20mm厚	块	50	标准层使用量
2	钢板垫片		40mm×40mm×10mm厚	块	120	
3	钢板垫片		40mm×40mm×5mm厚	块	120	
4	钢板垫片		40mm×40mm×2mm厚	块	150	
5	钢板垫片		40mm×40mm×1mm厚	块	100	

续表

编号	材料名称	使用部位	规格型号	单位	数量	备注
6	斜撑杆	构件斜撑	1.8m	根	68	（可循环使用）标准层使用总量
7	斜撑杆		2.75m	根	62	
8	斜撑杆		3m	根	65	
9	斜撑连接件		JCP9	件	195	
10	垫片		55×55×4中心取孔φ22	块	195	
11	螺栓		螺栓M20φL=60	根	195	
12	预埋抱箍		圆钢18	t	0.5	
13	PE棒	竖向与水平缝封堵	φ25	m	160	标准层使用总量
14	白粘胶带		宽100	卷	20	
15	胶条		30×25	m	160	
16	螺栓	钢筋接驳器	M14 L=150	根	150	标准层使用总量
17	螺栓		M20 L=215	根	18	
18	灌浆料	灌浆封堵用		t	20	
19	板板连接件	墙板连接	L−140×90×10 L=100 JCL10	个	150	标准层使用总量
20	板板连接件		L−110×20×6 L=240 JCL25	个	160	
21	螺栓		M14 L=50	根	310	
22	垫片		55×55×6中心取孔φ18	块	310	
23	角钢	5F构件连接	L−140×90×10 L=100 JCL10	个	50	首层构件连接计划总量
24	连接用预埋件			个	50	
25	吊具	构件吊点使用	成品双孔φ22	只	20	吊具、钢丝绳使用量
26	吊具		成品单孔φ22	只	8	
27	钢丝绳		6m高强度6T/根	根	8	
28	钢丝绳		4m高强度6T/根	根	8	
29	卸扣		6吨	只	40	
30	螺栓		M20 L=85	根	60	
31	垫片		60×60×6	块	60	
32	预埋套丝钢筋	楼梯板下端预埋套丝钢筋	C20 L=64cm 套丝长度6cm M16螺母	只	416	标准层使用总量
33	垫片		55×55×6中心取孔φ22	块	416	
34	型钢	材料堆场支架	200×70×8	m	60	一栋楼使用量（可循环使用）
35	型钢		100×50×7	m	56	
36	方钢		100×100×5	m	56	
37	钢板		20mm厚	m²	1.25	
38	钢板		6mm厚	m²	1.25	
39	钢板		12mm厚	m²	1.25	
40	螺栓		M20 L=60螺栓（配螺母）	只	108	

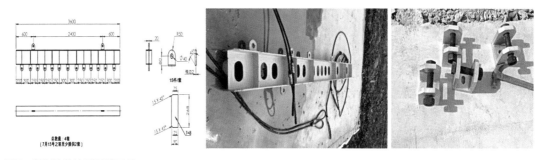

图7 预制构件墙板吊装工具

图8 预制构件叠合楼板吊装工具

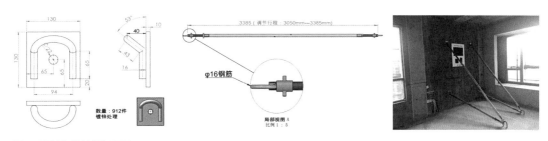

图9 预制构件斜撑杆工具

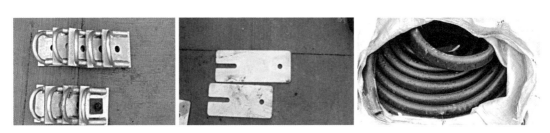

图10 其他辅材

4.2 施工机械准备

工程每层共有预制构件117块，每块构件的重量与塔吊距离的分类汇总如下：

预制构件吊装情况表 表3

序号	构件编号	重量（t）	吊装距离（m）	吊装力距（t·m）
1	YWQ11L	5.82	20.25	117.855
2	YWQ7L	6.5	25.55	166.075
3	YWQ6L	6.64	25.4	168.656
4	YB2L	2.67	22.48	60.0216
5	YWQ4L	6.8	19.75	134.3
6	YWQ1L	6.88	15.32	105.4016
7	YNQ8R	3.88	23.97	93.0036
8	YWQ7R	6.57	26.57	174.5649
9	YWQ10R	5.04	25.71	129.5784
10	LTB2R	2.25	12.46	28.035
11	YWQ8R	6.33	27.37	173.2521

本工程特点和施工需要，结合现场实际情况，并充分考虑结构设计、建筑外形、吊装构件重量等因素，11#、12#、15#、16#、17#、18#楼每栋楼配置一台STT293塔吊，叠排区域配置四台STT373塔吊全范围覆盖，以满足装配式吊装的施工流水作业。

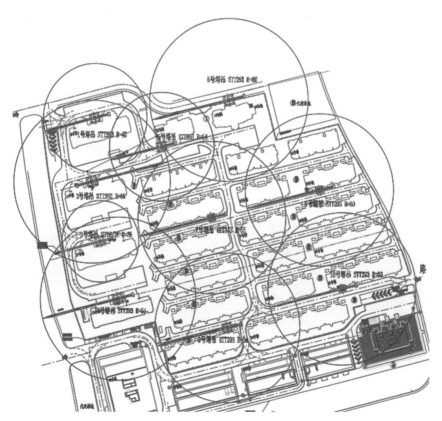

图11 塔吊平面布置图

图12　吊装设备空间转换技术

4.3　BIM技术应用

图13　项目单个模型建立

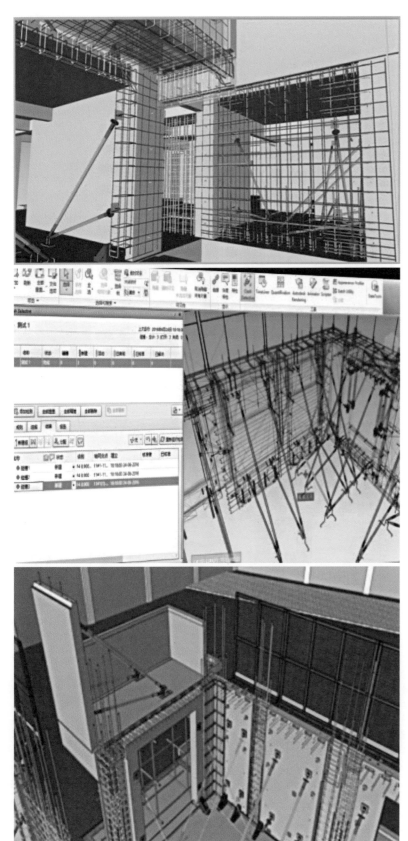

图14　项目构件拼装碰撞检查

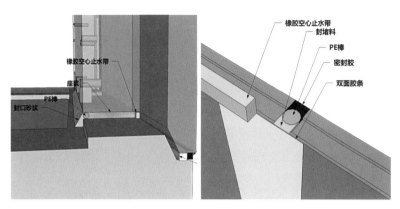

图15　项目构件连接节点深化

4.4　预制构件堆放

预制构件现场科学堆放：根据塔吊布置及现场施工大临布置情况，考虑塔吊的作业能力范围，并且尽量避免构件由于存放不合理导致构件翻身而受力破坏，拟在栋楼周围地库各设置一个30m×10m的构件堆场，堆场四周采用钢丝网围墙围护。

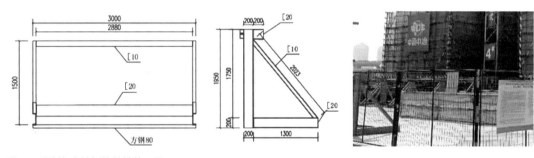

图16　预制竖向墙板构件堆放工具

4.5　预制构件吊装

4.5.1　预制墙板吊装

1. 专用吊装扁担选用

专用吊装扁担根据各种构件吊装时不同的起吊点位置，设置不同间距吊点，构件吊装时根据构件吊点选择挂钩，确保预制构件在吊装时钢丝绳尽可能保持竖直，将产生的水平分力降到最小；吊装梁上侧吊点设置在吊梁的黄金分割点，使得吊装时吊梁能够达到吊梁的最合理受力要求。

2. 墙板吊装

根据预制墙板顶部预螺栓套筒的位置采用合理的起吊点，用卸扣将钢丝绳与外墙板用螺栓连接的角钢吊耳连接，起吊至距地500mm，检查构件外观质量及吊耳连接无误后方可继续起吊。起吊前需将预制墙板下侧阳角钉制500mm宽的通长多层板，起吊要求缓慢匀速，保证预制墙板边缘不被损坏。墙板模数化吊装梁吊装示意图如右图：

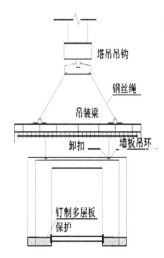

图17　预制墙板专用吊装扁担吊装示意图

预制墙板吊装时，要求塔吊缓慢起吊，吊至作业层上方600mm左右时，施工人员扶住构件，调整墙板位置（墙底部套筒对准插筋），缓缓下降墙板。

4.5.2　预制墙板定位措施件安装、调整

1. 预制墙板固定

墙板吊装就位后，用长斜撑杆将两端分别与预制墙板和现浇楼板预埋件连接，转动撑杆，进行初调，保证墙板的大致竖直。待长斜撑杆固定完毕后，立即将快速定位措施件更换成短斜撑杆，方便后续墙板精确调节。

2. 预制墙板精确调节

构件安装初步就位后，对构件进行三向微调，确保预制构件调整后标高一致、进出一致、板缝间隙一致，并确保垂直度。根据相关工程经验并结合工程实际，每块预制构件采用2根可调节短斜撑杆、2根可调节长斜撑杆及2组标高调节垫板进行微调。

临时斜撑和限位装置应在连接部位混凝土或灌浆料强度达到设计要求后拆除;当设计无具体要求时，混凝土或灌浆料应达到设计强度的75%以上方可拆除。本项目在PC连接暗柱浇筑时，做同条件试块，在试块满足设计规范要求后方可拆除临时斜撑。根据以往施工经验PC施工一般为八至十天一层，试块强度均符合规范要求。

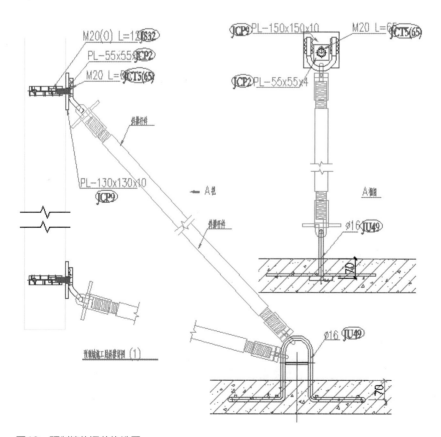

图18　预制墙体调节构造图

（1）构件标高调节

预制墙板构件标高调节采用标高调节垫板，每一块预制构件顶部设置2组，每组垫板通过放置不同厚度的钢板来控制垫板顶面标高，此项工作在预制构件吊装前完成。

构件标高通过精密水准仪来进行复核，每块墙板吊装完成后需复核，每个楼层吊装完成后须统一复核。

高度调节前须做好以下准备工作：引测楼层水平控制点→每块预制墙板面弹出水平控制墨线→相关人员及测量仪器、调校工具到位。

（2）构件左右位置调节

待预制构件高度调节完毕后，进行板块水平位置微调，微调采用液压千斤顶或撬棍。

构件水平位置复核：通过钢尺测量构件边与水平控制线间底距离来进行复核，每块板块吊装完成后需复核，每个楼层吊装完成后须统一复核。

水平位置调节前须做好以下准备工作：引测结构外延控制轴线→预制构件表面弹出竖向控制墨线→在相关人员及测量仪器、调校工具到位。

（3）构件垂直度调节

构件垂直度调节采用可调节斜撑杆，每一块预制构件左右两端各设置1根长斜撑杆和1根短斜撑杆，撑杆端部与结构楼板埋件和构件上的埋件牢固连接。撑杆两端设有可调螺纹装置，通过旋转杆件，可以对预制构件顶部形成推拉作用，起到板块垂直度的调节。

构件垂直度通过垂准仪来进行复核，每块板块吊装完成后需复核，每个楼层吊装完成后须统一复核。

图19　预制墙板吊装

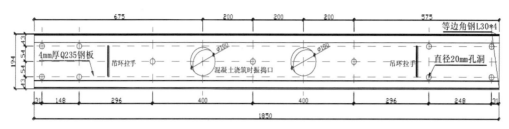

图20　辅助钢筋定位钢板加工示意图

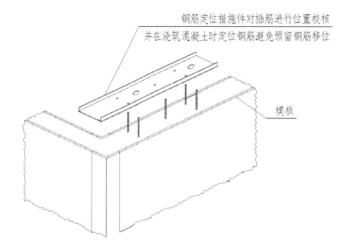

图21　辅助钢筋定位钢板定位示意图

图22　预制叠合板吊装

图23　预制阳台吊装

4.6 主要施工工艺流程

配整体式结构施工自构件深化设计时起，到施工完成时止，根据装配式结构特点，合理安排施工工序，达到流水作业，实现质量、工期优化。

4.6.1 标准层施工工序划分

本工程将每个标准层施工作业划分为15个工序，各工序按顺序施工，墙、板混凝土浇筑完成后均存在养护技术间歇时间，其施工工序及流程如下所示：

测量定位放线→四层（下一层）外墙预留插筋位置复核→四层（下一层）墙板顶部标高调节垫板设置、橡胶条粘贴、高标号砂浆坐浆→五层预制外墙、飘窗、内墙吊装→五层外墙板定位措施件安装、调整→六层预制阳台板底部支撑安装→六层预制阳台板吊装、调整→暗柱钢筋绑扎、模板安装（机电埋管、线盒配合暗埋）→五层现浇剪力墙、六层叠合楼板模板、支撑系统安装→六层叠合楼板吊装、调整→现浇层楼板钢筋绑扎、机电埋管、线盒配合暗埋→（测量复核）→五层暗柱、现浇剪力墙、六层楼板砼浇筑→预制墙板灌浆→五至六层预制楼梯底部支撑安装→五至六层预制楼梯吊装、调整。

4.6.2 构件吊装顺序

除预制楼梯外，每个标准层的预制外墙、预制飘窗、预制内墙吊装从西山墙开始，沿着外立面经南侧、北侧外墙向另一侧山墙方向依次吊装，然后进行预制叠合楼板、预制阳台板、预制装饰柱吊装，最后再进行预制楼梯的吊装作业。

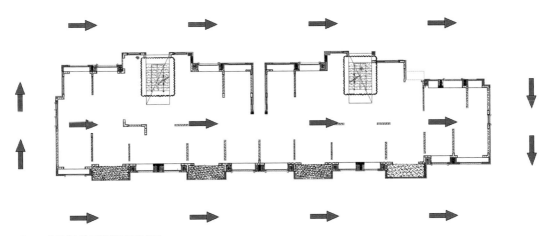

图24　预制构件吊装顺序示意图

4.7 现浇暗柱模板安装

两块预制墙板之间的现浇暗柱，采用内侧单侧支模，外侧模板利用预制外墙板作为外模板。内侧模板左右两侧边与预制墙板之间用泡沫条封缝，底边缝隙用水泥砂浆填实，防止跑浆。模板对拉螺杆采用全螺纹M14螺杆，螺杆一端拧入预埋在预制墙板内侧的套筒中，另一端采用常规的山形卡与螺母紧固。模板安装示意如图所示。

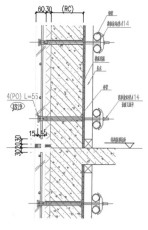

图25 模板安装示意图

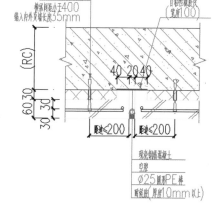

图26 自粘性橡皮条封缝示意图

两块预制外墙板之间的20mm缝隙用自黏性橡皮条封缝，如图所示。

上部结构剪力墙部分为预制装配构件，属于PCF板。墙体一半为预制一半为现浇，预制墙板厚度为90mm，较为薄弱，为确保结构质量，避免出现预制构件脆性断裂，在传统的支模体系外侧采用对拉螺栓及角钢进行加固。

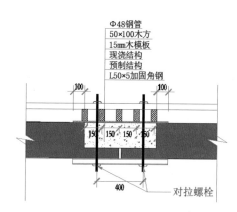

图27 预制墙板支模加固平面图

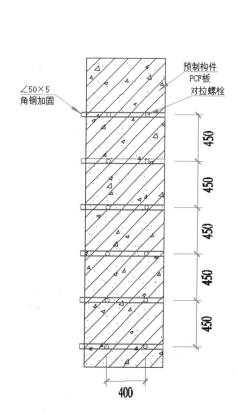

图28 预制墙板支模加固立面图

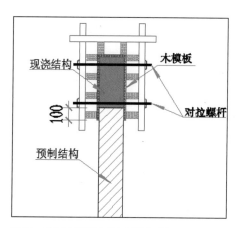

图29 预制内墙板支模加固平面图

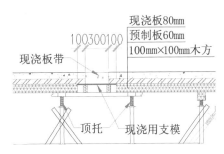

图30 现浇叠合梁支模详图　　　　图31 叠合板中间现浇板支模详图

与预制结构相连处梁，需将模板延伸至预制结构下部150mm，并用木方、螺杆等固定。

预制叠合板中间300mm宽现浇板，下部板模板需各向两边延伸100mm，即下部模板宽度为300+100+100=500mm。

5. 智能建造

根据工程总承包的管理需要，结合装配式建筑的建造特点，上海宝冶集团有限公司审批通过了关于研发"叠合楼板、夹芯保温装配式剪力墙体系施工技术研究与应用"的课题及项目合同书。

5.1 BIM应用

图32 项目总体模型建立

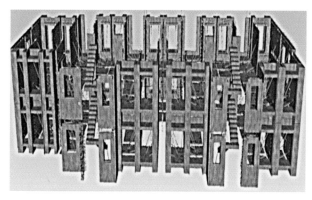

图33 单体标准层

5.2 科技成果

专利申报如下:

专利申报情况表 表4

序号	授权项目名称	知识产权类别	证明材料编号
1	装配式建筑预制楼梯的安装方法	发明	2015090801157410
2	装配式建筑构件与构件连接缝的施工方法	发明	2015090801157950
3	用于装配式建筑施工的塔吊转换方法	发明	2015090801157790
4	装配式建筑剪力墙构件成品的保护方法	发明	2015090801066880
5	装配式建筑预制剪力墙的多用吊装扁担梁	实用新型	第4985367号
6	预制装配式建筑的外架施工平台	实用新型	第4776178号
7	一种装配式建筑建筑剪力墙套筒灌浆方法	发明	2015070400097950
8	装配式建筑预制外墙接缝防水方法	发明	2015111901316380

该项目申请国家知识产权十余项;形成管理类及工艺标准成果二十余项。

装配式混凝土住宅关键技术研究与应用荣获第二十九届上海市优秀发明选拔赛优秀发明银奖。

团队合影

项目小档案

项 目 名 称：市北高新技术服务业园区N070501单元09-03地块住办商品房项目（一标段）

项 目 地 点：上海市静安区汶水路万荣路

业 主 单 位：上海华泓尚隆房地产开发有限公司

设 计 单 位：上海天华建筑设计有限公司

施 工 单 位：上海宝冶集团有限公司

项 目 负 责 人：范振江

施 工 团 队：杨 宇　张书华　姚树国　杨润林　吴文杰　刘 飞　王 成　王琨等

整　　　　理：姚树国　吴文杰

内 装

汪斌

同济大学建筑学博士。现任当代地产成都公司董事总经理，当代地产武汉鼎顺瑞城房地产开发有限公司董事长。

曾任深圳市建筑设计总院第二研究院第五设计所所长，并参与深圳市诸多重大项目的规划与设计；曾任广州市城市规划设计院深圳分院院长；曾任建设部泛华工程有限公司广州建筑设计事务所负责人；先后任广州中瀚投资有限公司、深圳盈中泰投资有限公司、江西利泰投资有限公司、江西城开投资有限公司、南昌红谷置业投资有限公司、江西福泰置业有限公司、四川中德世纪置业有限公司董事、成都中德红谷投资有限公司等多家公司董事长、总经理职务。

在近20年的房地产开发经历中，始终坚持初心，凭借敏锐的市场眼光和匠心精神，打造出多个叫好又叫座的地产作品。

管理理念

当前为提升经济增长的质量和数量，国家提出了供给侧的结构性改革，如何兼顾民生经济和商业创新，住宅产业同样面临供给端的结构性调整。

在"健康中国2030"国家战略指导下，我们推出了BIO亲生命系产品（包括成都当代·璞誉和武汉当代·天誉项目），从BIO健康建筑、BIO健康设备和BIO健康社区等三个维度，开创性地提出了更具落地操作价值的《当代BIO亲生命健康居住标准》。

当代地产BIO亲生命系产品在国内率先使用"无甲醛"纳米装修基材，通过新材料，从源头解决了室内污染等传统装修带来的健康问题；同时，以工业化装配式内装的革命性技术突破，淘汰了落后的传统手工湿法作业方式，实现了建筑装饰行业的供给侧改革，不仅填补了行业空白，同时也是房地产行业推动"住有宜居"、建设全面体现新发展理念和美丽宜居公园城市的人居价值探索者与践行者。

汪总访谈录1

访谈

Q 请分享一下你的个人经历。

A 1992年，我从上海同济大学建筑设计与创作专业毕业后，陆续担任了深圳市建筑设计总院第二研究院第五设计所所长、广州市城市规划设计院深圳分院院长等职，然后在2000年进入房地产行业直至今日。

相比房地产开发企业职业经理人的身份，我觉得自己更是一个建筑设计师，我个人也更喜欢建筑设计师这个头衔。

回顾我在成都开发的几个住宅项目，应该说每个都是城市级作品，至少也是城市同类产品的标杆，几个项目产品完全不同，都有着巨大的创新。

比如十年前我在成都高新区开发的英伦联邦，它拥有纯粹的哥特式风格的建筑立面和天际线，项目现在也是成都天府大道上最醒目的地标之一，很多市民打车到那附近，都会跟司机说"去那个尖尖房子那儿"。

之后，我在成都天府新区开发了麓府项目，产品是中式合院。在这个产品上，我们对京派王府的建筑元素用得非常纯粹，每个构件都有历史的印记可以追寻。但在里面，我们又做了非常多的革新，特别是在材料上。比如我们在麓府用到了镁铝合金的瓦、琉璃的脊兽、铜质的云头雀替、瓷质的橼头、丝印金属包裹的梁枋，还有质感堪比檀木的高科技实木柱子……而麓府的最大价值，我觉得应该是我们进行了装配式古建的尝试，对中国传统建筑保护来说，这可能是个功在千秋的创新。

2017年，我又在成都武侯新城开发了当代璞誉项目，这个项目的创新，更多的是源自我们对于成品房、对于健康的思考。当代璞誉目前是全球最大的国际WELL认证单体项目，也是国内最大的装配式装修成品住宅项目，采用"无甲醛"基材和装配式装修工艺。

大文豪雨果曾说："建筑是用石头写成的史书。"我希望我开发的每个项目，不单单是赚钱的工具，还要在多少年后回头一看，我在城市里制造了多少垃圾。我希望它们都是能经得起历史检验的作品，我也希望能够为地产及建筑行业的发展做出我的贡献，这也是我作为一个建筑师对自己的基本要求吧。

Q **你开发的麓府项目采用了装配式古建，这个概念很新颖，能否详细介绍一下？**

A 我在学生时代就已注意到，百年前半殖民地时代列强对我国海岸线的建筑文化"侵略"。中国大陆接近2万公里的海岸线，几乎全是洋建筑，所以我一直想要开发一个中式项目，我也相信，随着我们的经济发展，中国人的文化自信一定会重新复苏，中国的"古建"会在市场上焕发新的生机。

正好在2014年，我们拿到了麓府项目这个地块。但在当时，从设计到施工，国内做古建的专业团队极度缺失，我们只有一步一步去摸索。

当时，我们以垂花门的打样作为起点。在研发中，我们发现即便使用的是同一套传统图纸，各个施工方做出来的成品都是五花八门的，我们前后做了18道垂花门，耗资千万元。由此我们也意识到，传统古建很难大规模工业化生产。我们必须从设计的源头就有所革新。

于是，通过对传统古建各构件的剖析以及材料替换，通过BIM设计和装配式的工艺，最终完成了对古建的重构。我相信，这也是中国未来大规模复制传统古建的重要手段，并借此完成中国传统文化的传承。

Q 除了装配式古建，你还在当代·璞誉项目进行了室内的装配式装修创新，能否介绍一下这个项目？

A 当代·璞誉项目位于成都市武侯区，占地176亩。项目是国内中西部地区规模最大的装配式建筑社区基地，联合国内装修上市龙头企业金螳螂和亚厦股份，采用全球领先的全工业化装配式内装技术平台，囊括14大核心技术系统，研发拥有专利2367项，实现了内装领域技术的全覆盖。

璞誉内装使用的装修基材为高分子纳米基材，不含甲醛、苯、TVOC等空气污染物；项目装修采用装配式工艺，所有内装部件均通过标准化工业生产，在工厂提前预制，装修现场无需使用传统板材及油漆、乳胶漆等来衔接，以干法施工便可完成构件拼装。基于绿色无醛的健康基材，辅以高科技装配式内装技术，项目完全不产生装修污染。对业主而言，交付当日即可入住。这是当代·璞誉的核心优势，也是项目区别于其他改善性住宅产品之根本。

2020年7月，当代·璞誉以32万平方米的认证面积，成为WELL国际认证迄今为止国内最大住宅建筑认证注册项目。2021年，当代·璞誉更是获得了国际WELL健康建筑金级中期认证。

Q 为什么当代·璞誉考虑采用装配式内装体系？

A 2016年8月26日，中共中央政治局审议通过了"健康中国 2030"规划纲要，明确指出健康是促进人的全面发展的必然要求，是2030年前必须实现的民生大计。基于这一规划要求，国家对健康产业的重视必然形成一轮强有力的产业带动作用，那传统的房地产制造业将如何迎接国家新的产业要求和变化？我们很早就开始思考这个问题。

在成品房出现的问题中，首先是材料的问题。传统的室内装修污染，包括甲醛、TVOC等，绝大部分是因为装修材料而产生的，因此，我们必须找到更生态、低污染的材料。

另一个是装修品质的问题。传统装修靠的是工人技术来实现品质，但成品房时代，动辄数百套的交付，如何保证均质化，尽量减少因人为技术导致的瑕疵？

最终，我们采用了"无甲醛"基材+工业化装配式内装的技术。从源头上控制污染源并保证质量。

产业价值方面，"无甲醛"基材将带动室内装修材料的供给侧改革，而装配式内装更节能环保、材料损耗更低、安装现场更洁净、施工效率更高；民生就业方面，健康住宅产业能够将传统的装修技术工人转变成装修产业工人，技术标准化促进工人专业水平，提高就业竞争力，从而更好地解决民生就业问题；住宅产品层面，更健康的住宅必然更受消费者青睐，实现更高的国民居住安全、幸福度……

房地产制造业是"健康中国2030"的重要载体，发展健康人居，无论从哪个角度来看都是功在当代、利在千秋的人类福祉。在"健康人居"这个时代风口上，我们显然已经领先了一个身位。

Q 装配式内装的成本相比传统装修如何？目前正在建设中的项目中，市场反馈如何？

A 在璞誉项目上我们实现了"工业化装配式内装"成品房的打造，我们和国内两大龙头上市企业亚厦和金螳螂同时展开了合作，我们的装修材料、工艺肯定是国内目前最先进的，但由于目前装配式室内装修在国内地产项目运用还比较少，因此成本还是相对传统装修更高。

任何新科技新工艺的推广都需要时间，我相信，随着装配式内装在国内市场占有率的扩大和装配式内装材料产能的提升，以及设计施工的更加成熟，未来装配式内装的成本一定会大大下降，未来普通购房者一定能用比现在传统装修更低的价格买到材料更健康、工艺更可靠、质量更稳定的室内装修。

装配式内装不再依赖于少数人的手工操作，而依靠的是整个工业化的大规模生产，最后打造出批量化的高质量作品。构件加工的精度提高了，我们的施工工艺也达到了更高的程度，且全部实现产业化，人民群众需求得到满足而且市场反馈也非常好。例如我们的璞誉项目，在与周边

汪总访谈录2

七大国内50强开发商的贴身较量中脱颖而出，已经连续两年夺得区域销冠，获得了购房者的极大认可。

Q 目前贵司是否建立了比较完善的装配式体系？

A 从2014年开始，我们已经通过麓府项目"装配式古建外装"、BIM 技术的应用，实践并培育行业技术设计团队、施工团队、检测标准等。

而在璞誉项目我们实现了装配式内装材料研发、装配式内装工艺的实践。同时，通过一系列探索与实践，我们还以当代地产的名义发布了《BIO亲生命健康住宅标准》。

可以说，经过近十年的发展，我们已基本走完了一个完整的研发周期，建立了一套从BIM设计到装配式健康材料，再到装配式施工的较为完整的装配式体系。

Q 未来你在装配式这条道路上还有什么新的想法？

A 未来我们还有更多的创新和想法并且已经在部署实施中，并且马上就能够看到成效。我们在武汉打造的当代天誉项目将引入"四恒系统"和传感器集成，而成都当代璞世项目则将全面运用古建外装、装配式内装、四恒系统以及传感器集成。

我们未来的"四恒系统"将瞄准和居住者息息相关的室内空间及空气的健康品质。我们依据"WELL健康标准"结合国内生活环境与生活习惯，定制具备中国特色的"居家智能微气候环境数字管理系统"。从空气洁净度、氧气含量、温度、湿度、有害有机物气体和微生物病菌等多个维度入手，通过主控智能系统的统一控制，让室内始终保持在恒温、恒湿、恒氧、恒静的"四恒"状态下。

Q 业主在未来居住过程中如何实现健康居住？

A 我们住宅建筑的建造这个环节尽管达到了"交付级"的健康标准，但如何保证建筑在未来业主使用过程中持续确保健康，这就需要我们有"运营级"的健康标准。即我们把产品交给客户的时候是安全和领先的，但是要实现真正的健康居住我们还需要有"运营级"的监控管理系统。所以我们利用5G技术平台把监测火灾报警、煤气报警、一氧化碳超标、$PM_{2.5}$、温度、湿度、噪声、甲醛、空气浮游菌等传感器安装到各个居住空间，借鉴食品、药品级监测标准，实施全天候常态化的健康居家环境检测管理。利用云计算、大数据分析，生成家庭级居家环境报告并出具相应提醒及调整建议，从而实现健康居住生活的"自动驾驶"。

Q **未来在健康科技住宅领域你还有什么新的想法？**

A 未来我们要创造健康领域数据化的三个"可"：（1）产品的健康数据要"可检测"；（2）居者的健康体征要"可察觉"；（3）我们的健康技术领先要"可感知"。所有建筑的空间、建筑的艺术都需要服从于健康。这已经不是盖出好房子那么简单了。过去这三年，我们选择了困难的征程，带着对中国房地产健康发展的真诚期许，去探索创建新的民生机制，去引导新的人居共识，去全力助推健康人居产业的进步和发展，瞄准"2030健康中国"。2020年的疫情和全球环境冲击，只是我们加速探索健康科技住宅的一个契机，但确实也验证了我们这条道路的正确性和示范性。现在每家企业都说产品要做到"以人为本"，但什么才是真正的"以人文本"？我们发现，我们现在走的这条路走到最后，就是"以人为本"。

图1 项目鸟瞰

中国成都当代·璞誉住兼商项目

——城市BIO亲生命健康建筑范本

项 目 名 称	当代·璞誉
内 装 类 型	住宅
项 目 单 位	当代地产
施 工 单 位	浙江亚厦装饰股份有限公司、苏州金螳螂建筑装饰股份有限公司
设 计 单 位	广州宝贤华瀚建筑工程设计有限公司、浙江亚厦装饰股份有限公司、苏州金螳螂建筑装饰股份有限公司
建 设 地 点	成都武侯大道顺江段200号
建 筑 面 积	503317.86m²
设 计 时 间	2018年5月
竣 工 时 间	2021年8月

图2　项目效果图

1. 项目简介

当代·璞誉是武汉当代集团布局西南落子成都的首个项目。项目位于成都豪宅第三极——武侯新城门户位置。项目总规划用地174亩，总规划建筑面积约50万㎡，其中住宅155亩（主城区最大单宗住宅用地），商业19亩。

1.1　项目背景

本项目由16～17F高层住宅、1～2F低层商业建筑及附建地下车库组成。项目采用新中式设计手法，建筑造型强调空间逻辑的内外一致性，并采用装配式内装解决方案进行室内装修。自2018年4月开工建设以来，项目稳步推进，预计2021年8月进入首批次房源竣工验收和交付阶段。

1.2　功能介绍

当代·璞誉采用了全球领先的全工业化装配式内装技术平台，囊括14大核心技术系统，研发拥有专利2367项，实现了内装领域技术的全覆盖。同时，项目也是中国中西部地区首个装配式内装示范工程项目。项目内装使用的装修基材为高分子纳米基材，不含甲醛、苯、TVOC等空气污染物；项目装修采用装配式工艺，所有内装部件均通过标准化工业生产，在工厂提前预制，装修现场无需使用传统板材及油漆、乳胶漆等来衔接，以干法施工便可完成构件拼装。基于绿色无醛的健康基材，辅以高科技装配式内装技术，项目完全不产生装修污染。对业主而言，交付当日即可入住。这是当代·璞誉的核心优势，也是项目区别于其他改善性住宅产品之根本。

2. 项目管理模式

从项目全流程视角，总结项目特点，归纳出案例在设计、生产、建造、管理全过程中的亮点与特色。

传统装修，是全产业链分段、逐级服务模式，项目全周期生产过程中深化设计专业、人员较多，协调量大；由于材料采购分散、材料到场堆放零散，二次转运材料损坏严重，补货难与项目推进进程不匹配，货源质量问题明显；现场安装交叉工种多且作业人员职业素质不同，出现质量通病严重且不易控制，对现场后期管理带来极大难度，严重影响项目开发品质且对企业产生不良影响。

而装配式从项目立项起点开始统筹，从设计端开始策划项目实施落地全过程，结合工业生产材料集采化、工厂生产机械生产全流程，生产精细化、产能批量化、生产集中化、材料利用合理化与残余材料处理集中化，有效地提高材料利用率与排污环保化等特点，标准化的产品对后期项目质量与效果等均将进行有效控制。

3. 标准化设计

璞誉是中国中西部地区首个装配式内装示范工程项目，采用全球领先的全工业化装配式内装技术平台，通过一体化设计、配套化部品、专业化施工、系统化管理，实现功能、安全、美观和经济的协调统一。

图3　装配式内装效果

图4　装配式厨房

| 1.装配式墙面体系 | 2.装配式顶面体系 | 3.装配式地面体系 | 4.装配式卫浴体系 | 5.装配式厨房体系 |

| 6.装配式水电体系 | 7.装配式隔墙体系 | 8.装配式门窗体系 | 9.装配式收纳体系 | 10.智能化体系 |

图5 装配式内装体系

3.1 墙板体系

标准化墙板系统设计，采用无醛基层材料，饰面层3D打印技术，成品可实现耐磨、耐划痕、耐擦洗。墙面采用专用调平组装件，墙面找平更加高效、平整度更加精确。

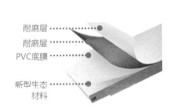

图6 墙面系统饰面板材料构造

图7 装配式墙面系统

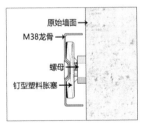

图8 墙面调平件

墙板系统各部位收口件，根据设计风格，与融合墙板系统合为一体。细节收口精美。墙板连接件也属于墙板系统之一，其连接方式有密拼、留缝，其金属线条有明缝、有凹缝的方式，都可以根据设计风格或基层材料的选择而定。

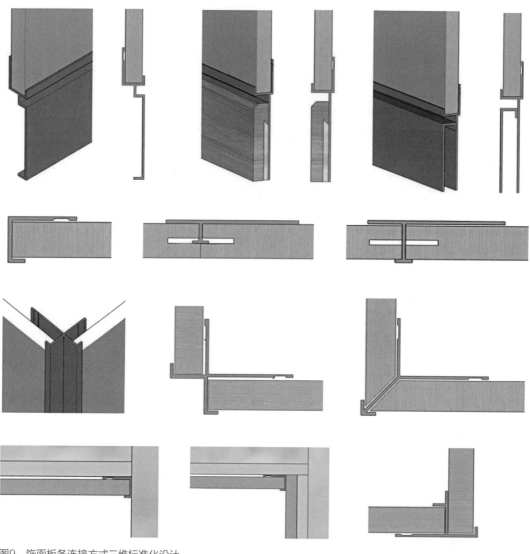

图9　饰面板各连接方式三维标准化设计

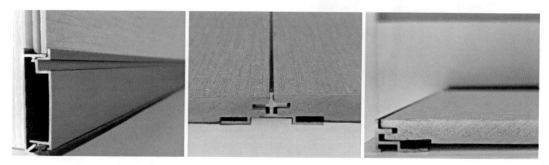

图10　饰面板连接方式实体拼接图

3.2 地面体系

地面采用全架空地面系统，抛去传统装修的水泥砂浆粘贴，既让施工便捷，又减小了主体的承重负荷，也为自然资源的保护做出了贡献。

图11 装配式地面系统

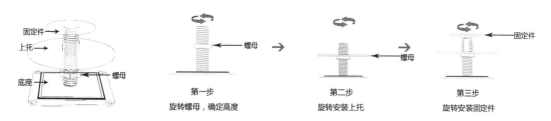

图12 装配式地面调平原理

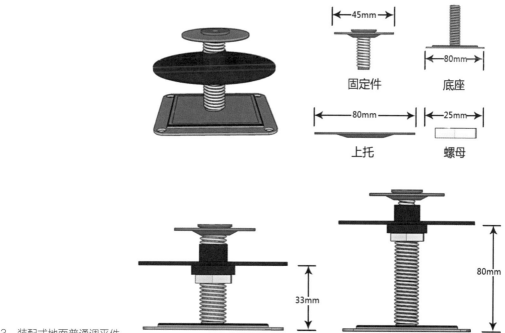

图13 装配式地面普通调平件

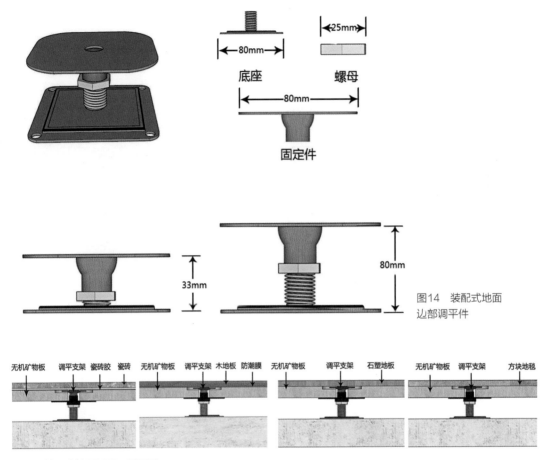

图14　装配式地面边部调平件

图15　装配式地面适配不同面层

3.3　集成卫浴

集成的整体卫浴系统，墙面、顶面蜂窝板、地面防水底盒打破了传统的防水施工观念，更加稳固了防水的质量，同时也加长了卫生间防水的使用年限。

图16　集成卫浴系统图　　　　图17　集成卫浴墙面材料

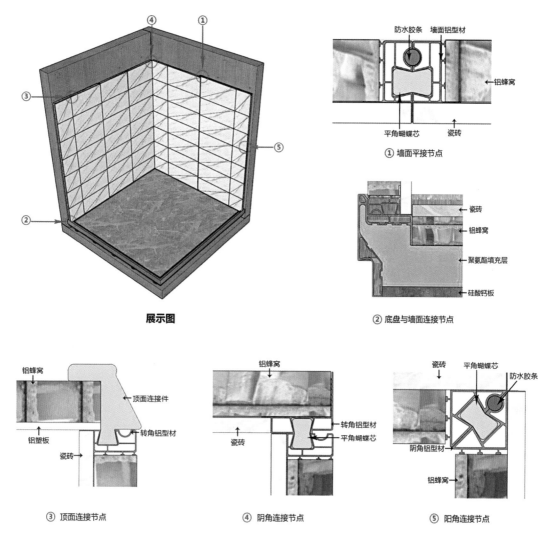

图18 集成卫浴标准化设计

4. 作品特点及施工特点

4.1 图纸与深化阶段

需根据工业化产品的特点与产品相关属性进行现场基层材料与制作方式的深化与施工作业，相关成品后期完成效果与品质的确定。

4.2 实施阶段

本阶段包括控制厂内相关产品的相关品质与后期呈现效果的交底，控制基础材料的采购与生产工期，控制生产线相关品质与相关标准，控制材料包装与运输，控制材料到场的二次转运与清点，控制相关材料补货节点的把控，控制现场组装施工质量与后期成品保护。

图19 项目实施阶段现场图

5. 信息化管理

装配式装修的核心是"集成"，BIM方法是"集成"的主线。这条主线串联起设计、生产、施工、装修和管理的全过程，可以数字化虚拟，信息化描述各种系统要素，实现信息化协同设计、可视化装配、工程量信息的交互和节点连接模拟及检验等全新运用，整合建筑全产业链，实现全过程、全方位的信息化集成。BIM技术是实现装配式装修信息化管理的核心技术。

BIM技术的运用使过程设计实现了标准化，但方案设计的数据准确度却与建筑实体密切相关。为保证装配式装修设计的精准，项目特引进三维激光扫描技术，对施工完成度的室内建筑实体进行三维激光扫描，从而将建筑实体精准地转化为信息化数据以进行精准设计。

图20　三维激光扫描仪现场　图21　三维激光扫描数据　　　　　图22　根据扫描数据形成精准模型
测量

　　BIM模型以三维信息模型作为集成平台,在技术层面上包含建筑、安装、精装等各专业材料及设备信息、工艺工法图集及模块,同时协同工程管理提前部署模拟现场,解决各专业碰撞、遮盖等施工矛盾,协同成本管理精确核算成本。

图23　信息化协同设计平台

　　数字化制造方面,借助工厂化、机械化的生产方式,采用集中、人型的生产设备,只需要将BIM信息数据输入设备,就可以实现机械的自动化生产,这种数字化建造的方式可以大大提高工作效率和生产质量。

图24　信息化对接平台

BIM信息化技术与云技术相结合，可以有效地将信息在云端进行无缝传递，打通各部门之间的横向联系，借助移动设备设置客户端，可以实时查看项目所需要的信息，真正实现项目合作的可移动办公，提高项目的完成精度。

图25 信息化运营平台

6. 实施效果

装配式装修方式从多个方面杜绝了传统装修方式的弊端，从源头上避免了室内装饰装修的污染源，同时在节能减排、可持续发展方面有出色的表现。

图26 项目效果图

6.1 源头杜绝污染原材

装配式内装从源头上实现对产品的品质把控，如杜绝有污染的材料，由金属材料、无机板材、高分子板材取代密度板、胶合板，在源头上杜绝低质的、含有有害物质的原材料的使用，成品均达到国家环保标准，从设计、生产到安装全部由专业团队执行，安全环保保障好。

传统装修与装配式装修材料环保性对比   表1

对比项		传统装修	装配式装修
地面系统	基层	细石混凝土找平：未来建筑垃圾	钢支架+无机矿物板地面：无醛、可回收
	面层	传统面材	传统面材
墙面系统	基层	砂浆粉刷：未来建筑垃圾 腻子：含有甲醛、TVOC，施工期间粉尘污染 墙纸基膜：含有甲醛、TVOC	钢制龙骨找平：可回收
	面层	乳胶漆：含有甲醛、TVOC 壁纸：现场使用胶水，含有甲醛、TVOC	高分子PVC板：无醛、可回收 无机矿物板：无醛、可回收
吊顶系统	基层	腻子：含有甲醛、TVOC，施工期间粉尘污染	高分子PVC板：无醛、可回收 无机矿物板：无醛、可回收
	面层	乳胶漆：含有甲醛、TVOC	
门窗套及内门		传统套装门：含有甲醛、TVOC	金属门：铝合金+铝蜂窝，无醛、可回收
木工板		用量大、不受控	几乎不用

6.2 节省材料，减少能耗

装配式内装可实现工厂规模化生产，统一计划用材用量，BIM技术精确材料下单，而且边角余料可再利用，杜绝了传统装修方式必须提前购买材料，只能多不能少，用不完只能浪费掉的现状。大大提高了原材料的有效利用率，减少损耗和垃圾，有利于节能环保。同时现场电动机械使用减少，单位面积用电量下降31%；根据现场二氧化碳浓度监测仪推算，运输能耗下降30%。

6.3 工业化生产，品质稳定

装配式内装实现了工厂数字化、智能化加工，少规格，多组合，降低了对劳动力素质的依赖，减少了因工人的个体差异而导致的产品品质不稳定性。

6.4 干法施工，现场无污染

装配式内装将部品部件移至工厂精细化生产，现场只进行乐高式组装，杜绝了传统装修方式造成的施工现场空气污染、噪声污染、建筑垃圾等，不影响周围居住者的正常生活。施工现场干法施工，湿作业工法改为干作业工法用水量大幅减少，单位面积用水量下降65%；装配式内装按照既定计划运行，占用场地的时间减少，关联占用土地面积减少，周转用地面积下降28%；现场作业时段施工噪声由67分贝降至55分贝，完全实现噪声排放最高标准。

6.5　SI体系，延长建筑寿命

装配式内装实现内装修和建筑主体的分离，管线与结构分离，空腔走线，局部拆改，检查维修方便，建筑垃圾少，保护主体结构，延长建筑寿命。

6.6　缩短工期，提效降本

装配式内装简化工序，需要的工种少，流程明确，无施工间歇，最大限度缩短工期，降低成本，省时省力。传统装修平均需要75天，至少通风2-3个月再入住，采用装配式内装方式20天内即可装配完成，即装即住，对人体无毒害。

7.　结语

2016年1月18日，习近平总书记指出："推进供给侧结构性改革，要从生产端入手，重点是促进产能过剩有效化解，促进产业优化重组。"当代·璞誉通过与国内龙头家装企业亚厦集团、金螳螂集团合作，以"无甲醛"的装修变革带动地产开发变革，重塑生产端。顺应国家青山绿水的新时代政策要求，实实在在解决好房前屋后的青山绿水。

当代·璞誉不仅填补了行业空白，同时也是房地产行业推动"住有宜居"、建设全面体现新发展理念和美丽宜居公园城市的人居价值探索者与践行者。无论从政府、行业来看还是从科技含量、产品创新来看，璞誉无愧于"里程碑式的产品"。从"无甲醛"的高科技材料到现代工业化施工工艺，再到市场呼唤高品质的"无甲醛"精装房，当代·璞誉将满足人民对"美好生活"的高品质居住需求，致力于引领一座城市的人居价值。

团队合影

项目小档案

项 目 名 称：当代·璞誉
项 目 地 点：成都市武侯区
业 主 单 位：武汉当代地产开发有限公司
设计总负责人：汪　斌
总 建 筑 师：葛承刚
室 内 设 计 师：杨尚莉　徐　昕　曾国强
设 计 单 位：广州宝贤华瀚建筑工程设计有限公司
研 发 团 队：广州宝贤华瀚建筑工程设计有限公司；武汉当代地产设计部彭军、王义；武汉当代地产营销策划
　　　　　　　部龙浩、张琴
施 工 单 位：浙江亚厦装饰股份有限公司
　　　　　　　苏州金螳螂建筑装饰股份有限公司
整　　　　理：彭军 杨瀚 王义 田阔 张琴 吴凯辰

向宠

上海品宅装饰科技有限公司创始人兼CEO，长安大学建筑学学士，中欧国际工商学院EMBA，国家注册建筑师，中国装配式内装产业领军人物。曾供职于中海地产、万科地产、景瑞地产，拥有20多年房地产产品管理工作经验，是房地产行业资深设计与产品专家，曾设计管理操盘三十余个项目，并有丰富的建筑与内装工业化实践经验。2015年创立品宅装饰科技，致力于通过装配式科技内装的方式，改变并颠覆落后低效的传统装修模式，用工业化智造与乐高式装配，实现装修行业转型升级。在多年的发展中，品宅装饰科技以"用科技让装修变简单"为使命，持续创新与实践，实现了"不用一滴水，只用螺丝刀完成全屋装修"的新方式，获得国家高新技术企业、上海市装配式建筑示范项目等荣誉奖项，成为行业领先的装配式内装产品解决方案提供商，自主研发的品宅CARR®卡瑞装配式内装产品体系，已广泛应用于商品房、租赁住房、连锁酒店、商业办公、个人家装各领域与场景。累计交付100多个项目，整装交付量数万套。

价值理念

让装修更简单
100%全装配，由工业化生产的零部件装配取代依赖手艺的现场湿作业。

让生活更安心
无醛无毒，由金属材料、无机板材、高分子板材取代密度板、胶合板。

让建筑可持续
全SI体系，维护更新简单并避免首次及再次装修对建筑结构造成损伤。

让环境更美好
施工无粉尘、废料，不仅减少装修垃圾，大部分零部件还可资源回收再利用。

访谈照片1

访谈

Q **品宅装饰科技的"品宅"是怎么来的?**

A 创业之初,当时选择时,我们的目标很明确,第一是做装修方面的事,第二是要用科技手段去改变传统装修相对落后的面貌。较之其他行业,建筑行业属于改变最慢、传统程度最高的行业。但是换个角度看,技术变革或者创新,在这个行业里更有空间,这就是我们最开始选择做装修的原因。因此,我们的使命是"用科技让装修变简单"。

同时,从事这项事业也与我们在房地产公司的经历有关。在过去的工作经历中,曾深度参与到建筑工业化方向的发展与进程中,我们从中汲取了经验与能力。所以"品宅"二字的来源,"品"是"拼"的谐音,代表着拼装;"宅"代表着居住。装修这件事就是围绕着房子展开的,是我们事业聚焦的核心。这就是"品宅"名字的来源。

Q **从2015年成立至今,你是怎么看待装配式内装产业的发展趋势的?**

A 先说结论。我们认识到,从2020开始,我国已经进入装配式装修的快速增长期。原因有两个方面:第一是政策的推动。从2019年8月起,国家的装配式装修评价标准颁布以后，各个省市开始出台当地的评价细则，上海在2019年年底发布了《上海市装配式建筑单体预制率和装配率计算细则》，要求开发商等住房建造单位必须考虑如何达到60%的装配率。由于政府政策的指引以及认可装配式装修计入装配率，装配式装修就有了重要的价值。

第二是以品宅为代表的装配式装修企业，过去五年有了大量的实践和积累，已经初步完成了对市场和客户的培育，市场较过去已进入相对成熟阶段。五年前，人们认为装配式装修是个新东西，是一种阶段性的趋势，尤其我们是服务B端客户、工程市场，都是从小规模的试点、机会型的订单测试开始，没有人愿意当小白鼠，都等着看别人的成功再行动。通过5年的积累，我们累计交付了1万套住房，虽然这个数字放在装修行业里来看很渺小，但是放在装配式装修市场来看，我们的交付量已经领先了。这一万套的背后是市场和客户对我们的信任，是成熟项目的成果验证。

这两个因素的叠加，使得未来装配式装修会进入增长期，主要表现在居住类市场，住宅精装修、租赁式住房这两个大市场已经开始全面使用。住宅精装修市场是基于项目达标装配率的要求，租赁住房是因为租购并举的住房政策的推动，比如上海很多土地都是R4类的地块，只租不售，一方面要考虑该项目需要长期运营，必须易维护易更新，另一方面是要考虑满足全生命周期的居住需求变化，需要卫生间不降板、平面易于调整、户内隔墙灵活可变等，以适应未来政策的变化。装配式装修可以在租赁住房项目上发挥技术优势。

除此以外，连锁酒店也是一个很大的市场。随着中国过去几十年城市化进程的深入发展，酒店基本上进入了需要大规模翻新改造的时期。目前中国的几大酒店集团，每年会有20%的翻新存量，需要达到既快又好还便宜的改造要求，装配式内装作为比较好的旧改解决方案，也逐渐感受到了需求端的强烈诉求。

所以，我们认为现在是装配式装修发展的一个窗口期。

Q 面对竞争日益激烈的市场，品宅核心竞争力是什么？

A 第一个核心竞争力表现为产品和技术研发的能力。

品宅在行业里与其他公司相比，有一个比较不一样的地方，就是管理团队的开发商背景。我们的联合创始人和合伙人拥有开发商的背景、建筑师的背景、内装的背景、技术研发的背景，形成了一个新的团队。

目前其他进入装配式内装行业的企业，有的是以施工单位的背景进入的，比如金螳螂；有的是以材料生产、局部部品供应商的背景进入的，比如专注整体卫生间的科逸；或者是以地板、瓷砖生产销售切入装配式装修领域的企业，还有的是以地产开发企业的内设部分为主体进入的。它们大多数可以实现局部的工业化，小到材料、大到部品都可以工业化，但是相对缺乏完整的体系。

通过对自身的分析和外部投资人的评价，我们发现团队的背景决定了我们构建的产品体系的视角和别人不一样，可以包含建筑和内装，从产品设计到技术研发，从部品到构件再到安装，体系、思维方式更完整。我们更能够从建筑的角度出发，考虑内装与建筑的结合，新建筑与老建筑的结合，以及内装体系的完整交接问题。这个恰巧是许多同行未考虑，而品宅着重考虑的问题。

第二个核心竞争力是技术和研发驱动的供应链整合能力。供应链整合不是一蹴而就的事情，和通过建工厂的重资产模式打造自己核心壁垒的方式不同，品宅在这5年的实践中，通过构建自己的供应链体系来打造竞争差异。通过与专业供应商的合作，深度参与原材料的生产和工艺技术研发，现在已经有80多家不同的专业供应商作为我们的合作伙伴，生产我们的部品部件。品宅就像是乐高零件的设计师，而供应商就是这些零件的生产者，要生产足以拼装出一个家的零部件，供应商的跨度是非常大的，并且在细分领域足够专业的。这套体系看起来好像很容易，但其实是非常难构建的。

Q **请具体谈谈品宅的产品体系和视角。**

A 品宅的底层思维是从建筑的视角出发，站在客户与建筑的视角去看装配式内装，而不是从建材材料的视角出发去做装配式内装。思维的差异，导致做出来的体系完全不同。

我们总结归纳了品宅的装配式内装产品思维，即"自洽""他洽"和"续洽"。

"自洽"是指装配式装修必须严丝合缝，紧密咬合，而非简单的材料拼凑，这本身就是技术含量的体现。

"他洽"是指装配式内装要与建筑融合，而非孤立存在的，它要适应各种建筑产品的结构，无论是新建筑、老建筑，还是钢结构、木结构。

"续洽"是指使用期间的更新维护，需要能长期满足变化的使用需求，因为空间的使用者是变化的、成长的，所以空间也必须是易于改变的。

Q 什么样的供应链才是真正工业化的供应链？

A 本质上是能实现规模化生产、工业化生产，就算不一样，是定制化的，也能规模生产，那就是真正工业4.0了，需要通过强大的供应链来支撑。

如果从施工单位的角度出发，不管是做结构的工业化还是内装的工业化，根本没有机会去实现"装配式"，因为必须按图施工，当设计图纸就不是装配式的，施工单位就无法实施装配式建造。

品宅相当于帮客户做一个解决方案，从设计的源头切入，主导装配式的内装设计，从而实现工业化生产，乐高式装配，充分发挥工业化的供应链能力。假如脱离了装配式内装的深化设计，单纯依靠供应链也是无法实现工业化的。

Q 装配式内装是如何实现定制化的？

A 品宅的装配式内装系统最小的组成单元是近千个部件，定制化主要就是表现为基于这千个标准化部件的多样化排列组合。就像是乐高积木，积木块是标准的，款式是有限的，但是它可以自由组合成千变万化的形态。外界对装配式装修有个误区，认为所有空间都是同一个装修方法，才叫标准化，一旦装配式化就是失去个性化。其实我们每个户型都需要去实地测量数据，我们设计的前提不是一模一样，而是标准化的运用，也就是基于我们研发的标准化部件，来讨论、设计用什么方式，怎样去排列组合，最终能达到什么满足特定需求的效果。这种方式可以在人效、成本、时间上，缩短或者减少50%。这才是我们所说的标准化的优势，也是未来我们仍然需要持续改进、提升的地方。

访谈照片2

Q 如何理解建筑内装一体化发展？

A 对于"建筑内装一体化"，我起初是很不理解的。以前，房子装修是从毛坯房到精装修房，业主发现建筑的很多设计细节在跟室内装修对抗，所以导致装修进场先拆改，重新布线，产生各种装修质量、纠纷、建筑垃圾的问题等，导致现在要提倡建筑内装一体化发展。"建筑内装一体化"要解决的就是建筑主体和内装之间的不完全匹配，让内装"以不变应万变"。

其实工业化内装最底层的逻辑就是产品饰面，通过一个调平方式和结构连接，可以起到建筑主体与内装分离的作用。

前不久，品宅在杭州做了一个380米的高层建筑的公共部位装修，建筑结构给了内装8cm的误差余地，对于传统装修来说，8cm的差距要做很多层工序和工艺，而对于装配式内装来说，8cm的调平根本不算什么，18cm也可以轻松调平，空腔可以排布管线，填充保温隔音材料，甚至是防水构造；同时，也可以做到非常紧密的贴合，精度可以非常高。

Q 作为创始人，你觉得短则三年，长则十年以后，品宅会是什么样的？

A 短期来说，品宅应该是在细分市场中做到绝对的领先，无论是在规模上，还是在产品力上。

品宅专注的细分市场就是刚才说的居住类市场。通过深耕居住类市场，快速提升规模，建立系统能力，包含产品研发设计、产品生产制造、供应链能力以及安装服务能力，这是第一阶段。

第二阶段，也就是长期目标，品宅会通过建立健全自身的基础性系统能力，再去向外部的传统装修公司赋能。这是因为目前许多传统装修企业正在寻求转型，想要寻求与装配式企业的合作机会。它们也看到了市场和客户的需求，而自身还不具备提供装配式装修服务的能力，需要外部有经验有技术的企业支持。品宅要做的就是尽快把自己的基础设施建立得足够强大，在这个稳健的基础上赋能外部的装饰企业，也就是作为一个平台型的公司，为前端不同装企的应用场景提供服务，从而改变整个装修行业的面貌。

图1　项目效果图

政策驱动　科技先行

"装配式内装+租赁住房"的市场化实践

项　目　名　称	上海长宁古北社区WO40502单元E1-10地块租赁住房项目
内　装　类　型	租赁住房
项　目　单　位	上海地产集团
施　工　单　位	中国五冶集团有限公司
装配式内装解决方案单位	上海品宅装饰科技有限公司
建　设　地　点	上海市长宁区古北社区姚虹路红宝石路
建　筑　面　积	44809.37m²
设　计　时　间	2020年4月-5月
竣　工　时　间	2021年

1. 项目概况

长宁区古北社区项目W040502单元E1-10地块，于2017年9月13日被上海地产（集团）有限公司以3.5669亿元竞得，由上海地产集团开发建设成为集团首批租赁住房项目，项目地处古北社区，周边交通和公共配套设施完善，不仅产业集聚，而且生活便利。本项目建设主体为两幢高层租赁住房，地上16层，地下2层，其中地下2层规划为停车场，共计252个停车位，地上2层规划为配套商业用途，3～16层为租赁住宅，总套数374户。项目采用建筑信息模型BIM技术建造建筑主体，并采用品宅装饰科技的装配式内装解决方案进行室内装修。自2019年初开工建设以来，古北社区W040502单元E1-10地块租赁住房项目稳步推进，2021年进入竣工验收和交付使用阶段。

上海品宅装饰科技有限公司作为国内领先的装配式内装解决方案提供商，为本项目提供装配式内装解决方案。上海地产在项目建设之初就确立了以高环保、高效率、高颜值的装配式内装技术和产品，作为提升租赁住房产品力的手段，因此，品宅装饰科技为其打造了装配式内装的产品线。品宅装饰科技用模块化设计的理念实现租赁型住宅的灵活可变，以满足长期居住的全生命周期使用需求，同时用装配式内装的工业化生产和毫米级误差的品质管控，以确保批量化实施后的质量稳定性和后期维修拆改的便利性；致力于打造符合当下城市人才高品质、多样化居住需求的居住产品，提升租赁生活的居住体验，并为上海地产的标杆项目、为未来的租赁住房项目提供可复制的标准，同时也可以为全国其他城市解决大城市人才居住问题提供有益的经验和示范。

2. 项目管理模式

该项目采用总包管理模式，品宅装饰科技作为装配式内装解决方案提供商，为项目提供装配式内装的产品和全程装配式技术施工指导及部分安装。该项目由多方管理和监督，在甲方项目团队的总体指导监督下，由第三方监理进行监督实施和验收。施工总包单位对项目进行施工管理，从产品、技术和管理上多维度确保项目的品质过硬。

同时，项目呈现出多个技术亮点，该项目是建筑主体和室内装修均采用装配式的建造手法，在上海市住房和城乡建设管理委员会公布了《上海市禁止或者限制生产和使用的用于建设工程的材料目录（第五批）》后，首次采用建筑外墙内保温的做法，在上海乃至全国是尤为领先的实践。

3. 作品特点

3.1 标准化设计——大开间可变户型，满足全生命周期需求

上海市住建委、市房管局、市规划资源局于2020年11月27日联合印发了《上海市租赁住房规划建设导则》（以下简称《导则》），定义了"租赁住房"指本市土地出让合同中，明确要求房地产开发企业自持用于市场化租赁的居住建筑，分为住宅类租赁住房和宿舍类租赁住房，并对户型、面积、配套设施等各方面做出了明确的规范。

本项目以《导则》为依据，提供了5款不同面积的标准化租赁住房产品，从36m²到78m²不等，

图2 5款标准化户型示意图

图3 一整层的平面示意图

这种标准化的空间模块可以在一定程度上避免产生户型短板，满足单人居住、双人居住和一家人居住的使用场景，满足多层次人群的住房需求。

同时，考虑到租赁住房的居住人群以2年以上的长期居住为主，并且租售同权的政策逐步明确，租房人群将享有和购房一样的社会保障与权利，那么租房的时间可能会更长，所以更需要从全

图4 A户型客餐厅效果图

图5 B户型客餐厅效果图

图6 C户型卧室效果图

图7 D户型客餐厅效果图

图8 E户型客餐厅效果图

生命周期的产品角度去考虑。因此,基于建筑主体与内装修分离的装配式内装技术,则更符合灵活可变的居住空间的打造需求。

品宅装饰科技打造的这5款产品均为大开间设计,空间内部的厨房、卫生间、套内房间之间的墙体都是非结构墙体,采用的是非砌筑的干式工法,本项目使用了两种装配式的隔墙系统,以达到不同层次的隔音需求。

非砌筑内隔墙——套内隔墙

由隔墙龙骨、隔音棉、石膏板、横向找平龙骨组成,适用于直接安装各类饰面墙板。

使用该产品可以实现轻松拆改,快速安装,不需要破坏原始的结构墙体,影响建筑的使用寿命,同时不会产生大量的建筑垃圾,龙骨等耐久性好的环保基材可以循环利用,有利于建筑垃圾减量化运动的推进。

非砌筑内隔墙——三层隔音轻钢龙骨隔墙

由隔墙龙骨、石膏板、隔音棉、树脂垫块和横向找平龙骨组成,适用于直接安装各类饰面墙板。三层隔音构造约195mm厚,能提供超过

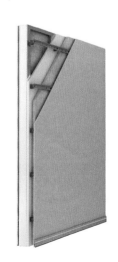

图9 非砌筑内隔墙——套内隔墙　　图10 非砌筑内隔墙——三层隔音轻钢龙骨隔墙

50dB的隔声量。

作为卧室的隔墙，可以确保居住的私密性，营造静谧的休息环境，提升居住的品质感。

随着未来家庭结构的变化、家庭成员的增加，装配式的隔墙体系可以为后期的户型改变提供便利。

3.2 装配化施工——全干法、去手艺、无施工间歇

在传统模式中，工人是品质的核心要素，由于装修环节非常多、工艺工序复杂，需要的装修工人包括泥瓦工、木工、油漆工、水电工等，他们需要多年学习培养才能成为一个专业的技术工人，而且从事这种岗位的工人一般对工作没有归属感与荣誉感，工作环境差、门槛低、不体面。随着社会的发展，职业选择更多了，泥瓦匠的手艺活也面临后继无人的困境。

而装配式内装采用工业化的生产方式，具有标准化、自动化、规模化的特点，改变了原来的生产方式，用"工艺"取代了"手艺"，缓解了愈演愈烈的民工荒。更重要的是，标准化的产品可以实现规模生产，大大提高生产、供应效率，最大限度地避免了在项目现场的施工环节，现场只进行搭积木式的流程化安装，大大简化了工种工序。

另一方面，装配式内装采用建筑主体与内装修分离的SI体系，全干法施工，不需要水泥、砂浆、腻子、涂料，因此不受气候因素影响，晴天雨天、夏天冬天都可以施工，无施工间歇，在同等用工量的情况下，装配式的施工方式可以较传统装修节约工期近50%，多维度降低成本。

图11 墙面调平龙骨安装+饰面墙板安装

图12 地面架空地坪安装

3.3 信息化管理——全流程管控生产、采购、供货、现场施工

装配式内装的解决方案建基于标准化零部件与模块体系，设计方式则需要遵循装配式装修的部品化集成与模块化原理，因此采用BIM方式进行设计，包含设计、采购、成本核算的一体化全过程解决方案。而现在基于VR、AR技术与设备的发展，BIM设计方案可以更加直观地呈现出最终效果，并进行交互式的体验。

图13　信息化管理系统示意图

品宅装饰科技自主开发的信息化管理系统由1个MIE数据中心、4个协作模块组成，即MIE-EOS、MIE-BIM、MIE-PM、MIE-ERP。

通过这一套信息化管理系统，可以实现数字化部件生产管理、数据化采购供货、数据化现场管理。

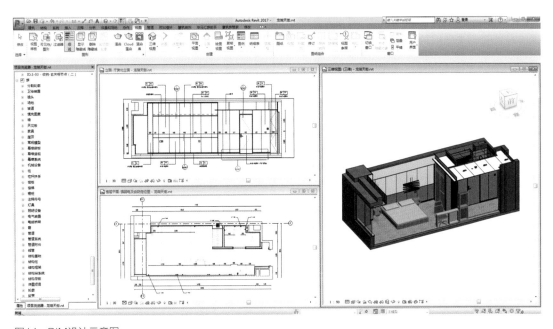

图14　BIM设计示意图

3.4 贡献装配率——装配式内装与PC共同实现装配率目标，让装配率结构更合理

我国装配式建筑市场正处于快速发展阶段，从中央到地方，全国20多个省市陆续出台了对装配式建筑的大力扶持政策。据《建筑产业现代化发展纲要》，"十三五"期间，装配式建筑要达到新建建筑的20%以上，保障性安居住房采取装配式搭建的要达到40%以上。"十四五"期间，装配式建筑占新建建筑的比例达到50%以上，保障性安居住房采取装配式搭建的要达到60%以上。以上海的政策为例，装配式建筑指标要求建筑单体预制率不低于40%或单体装配率不低于60%，在住宅项目中要实现40%的预制率是比较困难且不经济的，通过装配式内装与PC共同实现60%的装配率更经济、更合理。所以，如何让内装部分发挥最大价值，为项目贡献装配率是相对简单可行的。

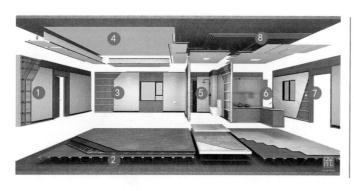

① 非砌筑内隔墙模块
② 楼面地面部品模块
③ 饰面墙板部品模块
④ 集成吊顶部品模块
⑤ 集成卫浴部品模块
⑥ 集成厨房部品模块
⑦ 内门窗套部品模块
⑧ SI布线部品模块

图15 品宅CARR®卡瑞V3.0装配式内装部品体系

按照《上海市装配式建筑单体预制率和装配率计算细则》，采用品宅装饰科技的装配式内装解决方案，在内装部分理论上可以获得最高37.5%+的得分占比，37.5%是内装装配率的最高得分，而+是指在实际的结构预制率计算时，预制构件能够实现免粉刷而产生的加分系数，但这一点上并不会造成很大的分差。

实际上纯粹追求内装装配率得满分并不一定是项目最合适的选择，因为失去了许多经济性，技术性地放弃一些分值可以为不同的项目获得更好的经济效益。在本案的设计中，设计师们从项目实际情况出发，对内装装配率做出了合理的取舍和搭配，以获得最高的经济效益。

我们就以本案78m²的D户型样板间的装配式内装技术应用为例，依据《上海市装配式建筑单体预制率和装配率计算细则》，详细阐述各功能空间的装配式技术工艺细节以及达标上海市装配率细则的得分逻辑。

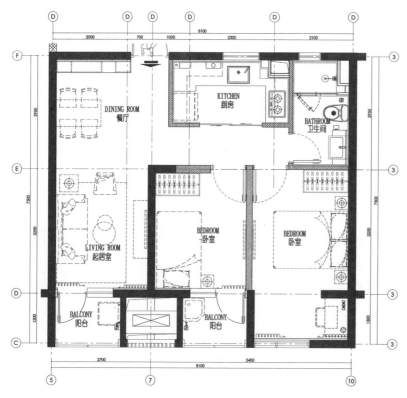

图16 D户型样板间平面图

图17　D户型样板间空载实景图

全装修

全装修技术工艺达标上海市装配率细则　　　　　　　　　　　　表1

技术工艺类别	修正系数	备注
全装修	0.25	1. 全装修，建筑功能空间的固定面装修和设备设施安装全部完成，达到建筑使用功能和性能的基本要求； 2. 对于公共建筑，公共区域均实施全装修时部品（技术）比例为1，否则为0； 3. 对于居住建筑，全楼实施全装修时部品（技术）比例为1，否则为0

按照项目要求，本案需全装修交付。因此根据全装修类目的计算规则，只要项目做了全装修便可得到满分0.25的装配率系数。

墙体墙面系统

内隔墙技术工艺达标上海市装配率细则   表2

技术工艺类别	修正系数	备注
非砌筑内隔墙	0.10	部品（技术）比例= $\frac{A_1}{B_1} \times 100\%$ A_1：各楼层内隔墙中，非砌筑墙体的长度之和，不扣除门窗洞口 B_1：各楼层内隔墙体长度之和，不扣除门窗洞口
室内墙面 干法饰面	0.10	1. 本项"干法饰面"及后续"集成厨房""集成卫生间""装配式楼地面"定义中的干式工法，不包括现场仍需砂浆或腻子找平的情况；不包括现场饰面湿贴及利用粘结剂进行调平的情况 2. 部品（技术）比例= $\frac{A_2}{B_2} \times 100\%$ A_2：各楼层室内墙面中，采用干法饰面的墙面（不包括厨房、卫生间的墙面）水平投影长度之和，不扣除门窗洞口 B_2：各楼层需进行饰面处理的室内墙面（不包括厨房、卫生间的墙面）水平投影长度之和，不扣除门窗洞口

本项目的室内空间内部墙体采用了装配式的非砌筑内隔墙，是轻钢构造。且为了实现更好的居住体验，卧室墙面采用的是三层隔音、吸音构造，断桥结构可以隔绝敲击音和空气音，重量轻且刚度大。厨卫空间采用了自愈的卷材防水系统，且所有的墙面都采用了干法墙饰面系统。

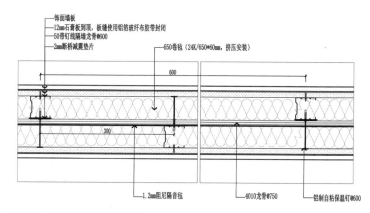

图18 墙面隔音构造示意图

根据《计算细则》中非砌筑内隔墙的计算公式：A_2即非砌筑墙体长度总和为11100mm，B_2即内隔墙长度总和为15300mm，A_2除以B_2乘以100%，得出装配率系数为0.072；

同样，按照室内墙面干法饰面的计算公式：A_3即干法饰面的墙面长度总和为54790mm，B_3即需饰面墙面长度总和为62690，A_3除以$B3$乘以100%，得出系数为0.087；

二者相加，本案例在墙体墙面系统上得到0.15的装配率系数。

厨卫系统

厨卫技术工艺达标上海市装配率细则 表3

技术工艺类别	修正系数	备注
集成厨房	0.10	1. 集成厨房：指地面、吊顶、墙面、橱柜和厨房设备及管线等通过设计集成、工厂生产，在工地主要采用干式工法装配而成的厨房
集成卫生间	0.10	2. 集成卫生间：指地面、吊顶、墙面和洁具设备及管线等通过设计集成、工厂生产，在工地主要采用干式工法装配而成的卫生间 3. 部品（技术）比例＝$\frac{A_3}{B_3} \times 100\%$ A_3：各楼层集成厨房（卫生间）墙面、顶面和地面采用干式工法的面积之和，不扣除门窗洞口 B_3：各楼层需进行饰面处理的厨房（卫生间）墙面、顶面和地面的面积之和，不扣除门窗洞口

本项目的厨房、卫生间空间采用了品宅装饰科技的集成厨房、集成卫生间系统，考虑到项目的耐久稳定性与经济性，技术性地放弃了这两个空间的地面得分，采用的是传统的湿作业。因此，根据计算公式：

集成厨房：A_4即厨房墙面、顶面采用干式工法的面积之和为27m²，B_4即墙面、顶面、地面的面积之和为32m²，A_4除以B_4乘以100%，得出系数为0.084；

集成卫生间：A_4即卫生间墙面、顶面采用干式工法的面积之和为23m²，B_4即墙面、顶面、地面的面积之和为27m²，A_4除以B_4乘以100%，得出系数为0.086；

二者相加，本案例通过采用品宅装饰科技装配式集成厨卫系统得到0.17的装配率系数。

SI布线系统

管线系统技术工艺达标上海市装配率细则 表4

技术工艺类别	修正系数	备注
管线分离	0.05	1. 管线分离：以可检修和易更换为标志。对于裸露于室内空间（全装修完成后）以及敷设在地面架空层、非承重墙体空腔和吊顶内的电气、给水排水和采暖管线应认定为管线分离 2. 当墙面、顶面、地面全部实现管线分离时，此项部品（技术）比例取为1 3. 当承重墙柱及外围护墙、顶面、地面全部实现管线分离时，此项部品（技术）比例取为0.5 4. 当内隔墙、顶面、地面全部实现管线分离时，此项部品（技术）比例取为0.5 5. 否则，此项部品（技术）比例取为0

在布线层面，本项目采用了SI布线体系，在建筑墙体上通过墙面龙骨找平形成空腔走管线，避免墙面开槽、穿管穿线等工序，在轻钢龙骨内走管线，有双层隔音棉和隔音毡，安装底盒隔音效果不受影响。

这样的布线方式不仅满足了《计算细则》中管线分离的得分要求，获得了满分0.05装配率系数，同时也更加便于后期的维修改造，避免对建筑墙体造成伤害。

图19　SI布线系统示意图

本项目内装对标《计算细则》装配率得分

表5

技术工艺	修正系数	本项目得分
室内全装修	0.25	0.25
内隔墙非砌筑	0.1	0.072
室内墙面干法饰面	0.1	0.087
集成厨房	0.1	0.084
集成卫生间	0.1	0.086
管线分离	0.05	0.05
合计		0.629
权重系数		0.5
内装贡献的建筑单体装配率		31.45%

　　6项的装配率系数相加，系数总和为0.629，乘以内装系数0.5，最终内装部分可以获得31.45%的装配率得分。如果按照60%的装配率达标要求而言，建筑结构的PC率只需在30%～31%即可，这样的PC率要求不算太高也不算太低，但由于本项目是一个高层建筑，只是体量比较少，这样构建的重复率不会太高，因此PC率做到30%还是比较合理和容易的。因此采用内装与结构相组合的形式显然是一个更加经济与合理的解决方案。

3.5　项目实施效果

　　作为位于国际高端社区和国际高端人才聚集地——古北的一个项目，这个项目在居住品质上的要求也相对较高，才能适应在古北居住的精英人群的喜好和诉求。装配式内装除了可以通过技术的变革，让全生命周期的住宅可以轻松实现，让项目达标装配率目标更经济合理，更可以让居住者以

图20　D户型样板间实施效果（1）

图21　D户型样板间实施效果（2）

图22　D户型样板间实施效果（3）

图23　D户型样板间实施效果（4）

图24　D户型样板间
实施效果（5）

图25 D户型样板间
实施效果（6）

图26 D户型样板间
实施效果（7）

租赁的方式获得在这里居住的高品质舒适生活。

此次上海长宁古北社区WO40502单元E1-10地块租赁住房项目携手品宅装饰科技，进行的装配化租赁住房实践，通过打造出高环保、高效率、高品质的租赁住房产品，为国内一线城市树立了示范性的标杆。随着未来政策的持续推动，装配式内装将继续与装配式建筑一体化发展，通过技术研发和产品迭代，持续推动装配式内装技术的创新发展，赋能租赁住房市场的高效优质发展，为国内建筑装饰行业的转型升级贡献自己的力量。

团队合影

项目小档案

项 目 名 称：上海长宁古北社区WO40502单元E1–10地块租赁住房项目

设计总负责人：向　宠　马红军

室 内 设 计 师：曾　彬　李守帅　李　涛　耿启翔　金　淼

研 发 团 队：曾　彬　李守帅　李　涛　李　强

水 电 专 业：魏　昕

暖 通 专 业：刘　伟

B　　I　　M：王长城

整　　　　理：陆婷云　李　涛

李文

一级注册建筑师，建筑学学士，2001年毕业于厦门大学建筑系，2011年开始专注于装配式建筑设计与技术研发，现任中建科技集团有限公司规划设计研究中心技术总监。先后主持完成宣城市规划展览馆、大连万科万科城二期装配式住宅、长春万科柏翠园装配式住宅、北京市马驹桥装配式公租房等十余项装配式建筑设计工作。参编《装配式建筑评价标准》GB/T 51129-2017、《工业化住宅尺寸协调标准》JGJ/T 445-2018、《装配式剪力墙结构住宅设计及示例15J939-1》、《装配式住宅设计标准》JGJ/T 398-2017配套图示、《建筑工程设计文件编制深度规定（2016版）》及《装配式内装修技术标准》JGJ/T 491-2021等数项国家标准与图集；参编《装配式剪力墙住宅建筑设计规程》DB11/T 970-2013、《装配式剪力墙住宅产业化技术参考手册2011版》等数项北京市地方标准。主持国家"十三五"课题6.6.3-1/3装配式建筑策划与一体化部分、5.2.1-5装配式建筑接口部分的子课题研究工作。

管理理念

建筑业仍然大量存在"珊瑚筑礁"的工作模式，我们需要向制造业学习，将建筑中的湿作业转变为干作业、手工作业转变为机械作业，将手艺转变为工艺，在"千篇一律中实现千变万化"。这种转变首先需要从设计开始，通过设计的优化来减少湿作业工法工艺，减少部品部件二次加工量，减少部品部件与接口的种类数量，建立部品部件耐久年限目录，使用BIM技术实现全过程、全专业一体化，实现生产、施工的流水化、高品质作业。

访谈现场

访谈

Q　请简单介绍你的教育背景和从业背景。

A　2001年我从厦门大学建筑学专业毕业后，一直从事建筑设计工作。在这个过程中，也遇到了不少问题，比如大部分建筑是"珊瑚筑礁"的建造方式，工程现场拖泥带水，"齐不齐一把泥"，严重依赖手艺而非工艺。2010年开始专注于装配式建筑相关工作，所以我做装配式建筑到现在算起来已经11年了。在这11年里，我参与了一些建筑的设计、技术定案工作，也参与了一些标准图集的编制。在这个过程中学习很多，成长很多，让我也不断反思，尝试把建筑分解成若干的系统、模块、部品部件，尝试像一个乐队的指挥一样在建筑设计中发挥作用，这需要自己对各个子系统的知识、对产业链条上各链条的知识都要知道，都要懂，有的方面还需要会、需要精。另外这些年花的时间相对多一些的是外围护系统、内装系统和部品部件接口问题，需要清楚它们和其他建筑系统的关系，知道什么情况下适合选择什么样的技术去应用落地，我认为这也是建筑师应该去做好、做精的部分。

Q 你配合的项目类型主要有哪些?

A 不同时间段配合的项目类型是不同的,思考的和收获的也不一样。开始最多的一类是地产类项目,像万科北方地区的装配式商品房项目,主要是1T2和2T4定型的标准化的楼栋平面和系列化的楼栋立面,采用的技术体系跟上海、深圳不一样,广泛采用了外围护装饰、保温与主体结构一体化的三明治外墙板,大部分项目外墙全装配免外架,外墙质量达到一致,用装配式结构的高精度来支撑装配式内装的精度需求。其后投入精力较多的一类项目是保障性住房项目,当时北京保障性住房是政府牵头在做供给侧的提升、改革。政府的投资保障性住房要求采用装配式的技术,当时这类项目做得也比较多。最近两年参与较多的是各种各样的公共类建筑,像摩天工厂、中小学校建筑等,相比商品房和保障房的标准化功能空间带来的标准化优势,公共建筑类的标准化挑战更大一些,就更需要成熟的、系统的技术方案去支撑,这类项目在平时工作中占的比重也越来越大。

Q 到深圳之后,你做的规模最大的项目是哪个? 在此过程中有何启发?

A 中建科技在深圳的项目比较多,有些项目面积规模也比较大,其中之一是长圳项目的内装,这项工作是从两年前开始开展的。这些年国内不少优秀的建筑师把国外的一些内装经验引入国内,做展示、做示范、做论坛,促进了行业内人士不断探讨内装到底应该怎么发展,这对国内的内装的提升作用很大,使国内拖泥带水、难以管理的内装工艺逐步有了替代做法,材料、工艺逐步成熟可控。长圳项目的内装也是在这个大背景下推进的,在这个项目里我们集成了建筑师、内装设计师、各专业的工程师,整体目标是实现政府提出的"住有所居"向"住有宜居"的转变,这不仅要做到空间效果感受良好,同时要重视选用适合的装配式材料与工艺,通过一体化协同解决好内装跟建筑结构、外围护以及机电之间的接口关系。所以最终长圳项目的内装是与建筑实现了一体化的内装,也为国内类似的装配式主体结构加装配式内装的项目提供了一个可参考案例。

Q 长圳这个项目,你觉得中建科技形成的最大成果是什么?

A 我觉得第一个成果,就是它是率先在华南区域推行的装配式内装项目。一直以来,政府最大的担心是南方是否适合装配式内装。长圳项目适当其时地解决了这个疑虑。这个疑虑的解决,实际上是通过各种调研、分析、研讨,包括对北方项目的实地调研、分析来达成的。当然,南方地区有一些南方的特点,比如说对架空地面接受度不高。结合国内架空地面的技术和成本增量关系,架空地面可能现阶段不太适合大面积去推广,我们也针对南方地区做了一些技术调整。

第二个成果，就是形成了一套深圳的保障性住房装配式内装的解决方案，这是一套主体结构和内装结合起来的全寿命周期解决方案。以往我们常见的保障性住房，采用的结构体系是现浇剪力墙加现浇楼板。它的特点是开间尺寸大多是3m、3.6m、4.2m这样不太大的尺寸，里面的墙都是结构墙，是不能移动的。长圳项目不一样，它的开间跨度是6m多、7m多、8m多，这里面没有剪力墙，因为主体结构的楼板用了预制预应力叠合楼板技术。要是通常的结构楼板，不加梁、不加墙是做不到那么大跨度的。这样的做法实现的空间效果，与国外用框架结构实现的住宅空间效果是同样的。国外采用框架结构把住宅内部的空间做成9m×9m、8m×8m，非常方正灵活，长圳项目实现了这一点。国外有很多住宅项目的卫生间和厨房在整个房间内可以随意移动，在东南角也行，在西北角也行。因为它楼面有一个架空走管线的空间，可以实现管线分离。长圳的内装实现卫生间、厨房尺寸可以进行有条件的调整，同时实现了无水房间隔墙的灵活可变。这套系统能让保障性住房在未来全生命周期中，每过一段时间，当人们的生活习惯变化了、家庭结构变化了，里面内装系统也是可变的。第三个成果，就是对企业的意义。企业开创了装配式内装产品和技术的研究，把装配式内装从系统开始做起。做了长圳这类住宅项目之后，就开始做学校类型的研究。学校内的功能空间也是可以标准化的，也是有很多东西可以研发。此外还有适合快速建造的建筑类型，包括方舱医院、方舱学校。中建科技有一个集成房屋公司针对此类建筑，它的模块化集成房屋可以在70多天内就建起一个十几班的学校。深圳市通常在每年年初统计学位，如果六月份学位统计上来发现学位不足，此时建传统学校是来不及的。这时可以采用集成房屋，用两到三个月的时间建成。这些东西的实现都是需要技术体系去支撑的，装配式内装技术就是其中的重要技术保障。

Q 长圳项目在全国影响力相当大。你刚才总结了一些成果，这些成果在后续的其他项目上有没有延续？

A 我们根据长圳项目内装的推进，形成了一系列有价值的做法，除了用于长圳项目本身之外，我们还结合企业两个科改行动的要求，依托项目设计团队成立了技术经理人与技术团队，一是这个团队负责根据每年内装项目技术使用情况提炼形成、迭代更新装配式内装产品与技术，二是负责在企业各区域同类型项目中去推广应用。

Q 长圳项目的成本如何？

A 长圳当时中标价43亿元，每平方米造价大概是4000多一些。我们对比了其他同类型的项目成本其实是相近的。关于装配式建筑和装配式内装的成本问题，我觉得不适合进行单维度的对比。比如传统墙面做法可能是刷涂料，但现在把它调整为一体化饰面板做法，它们就不是一个类型的材料工艺，也不再是同样的品质，它们的成本对比也就不在一个维度上了。另外，我认为技术带来的成本增量有几种情况：第一种情况，质量没有提升成本增加了，我认为这种技术没有太大的生命力；第二种情况，质量提升了，成本增加了，那么对于成本敏感项目也没有生命力，但对于成本不太敏感且品质要求高的项目，我认为是有价值的；第三种就是成本提升了，质量反而降低了，那这种技术基本上就是伪技术，我们在设计的时候就要把这种技术剔除掉。

Q　根据你的实际经验，对内装有哪些更好的想法？

A　我个人认为内装未来的发展方向，应该往模块化的方向发展。内装行业有几个特点：第一，它是一个红海市场。为什么是红海？因为内装的门槛特别低，一个小包工队就敢跟大家说我会内装，所以是个红海。但是在这个红海的市场里，其实很多是没有做好的，大众在家庭装修的时候是非常痛苦的，价格高、品质差。但是装配式内装是个蓝海，这是从面向未来需求的角度得出来的结论。假设建筑内装更新周期是15年，也就预示着我们全社会所有的建筑面积每年要更新约6%，这个市场量是非常巨大的。当住户在需要更新的时候，如果全部同时更新，它的影响是非常大的，需要去找一个地方租房子、搬出去、两三个月去折腾，非常麻烦。我认为应该推行模块化的装修模式，比如说卫生间，可能三天就给你搞定。现在整体卫生间，两个工人四小时就能做完。这种模块化的更新模式是对人们生活影响比较小的更新模式，很大概率会成为未来内装更新最受欢迎的方式。第二，我认为我们建筑应该通过迭代更新去提升。人们总认为，建筑一旦做完最好永久使用。为什么建筑业还比较落后？我认为就是迭代机制没有形成。我们看大部分工业品都是在不断迭代中提升发展，手机每年更新换代，每两三年就需要更换，汽车每两年一改款，20年就需要强制报废；建筑要想不落后，也是要在不断迭代中去保持活力、不断发展的，当然建筑的这个迭代可以是模块化、小范围的迭代。我们也需要推动建筑业建立一个耐久年限目录，时间到了就可以选择维护更新，换成更高品质的产品。比如说住所的某个局部空间，做一个局部维护或更新，不仅仅是通过买一点家具、买一点软装去提升，更应该是专业公司提供一个系统的、模块化的提升方案，住户有一点自己的费用，或者有一点自己的需求，那就可以选择小范围去提升。

Q　你觉得这个路要怎么走？

A　我了解到市场上已经有企业在开始做了，就是针对住宅局部提供解决方案。比如说卫生间漏水了，就专门解决漏水；卫生间反味儿了，专门解决反味儿问题；卫生间想重新更新了，那单独给卫生间提供解决方案；天花想要提升，那么单独做一个模块装到天花这里去。对于中建科技这样的情况，现阶段也在结合工程项目在做模块化的研究应用，有意识地在设计的时候把内装做成模块化的内装，形成装配式内装产品库，那么用户入住之后，在几年后需要更新的时候可以选择局部提升。

Q　现在这种装配式内装产品库形成了吗？

A　装配式内装应该是可逆安装的，可装可拆、可局部维修的。现在大部分部品部件是可以做到的，但是还有不少部品部件比如隔墙部品部件，在拆的时候会对原有的体系形成一定的破坏。所以要系统地实现这一目标还有一段时间，但不会太远。

Q　要实现以上想法最大的问题是否源于部品部件本身？

A　我认为现在部品部件和接口上都存在标准化问题。制造业的特点就是哪个零件坏了，就换哪个零件，车的哪个面板坏了，就换哪个面板。装配式内装要实现这一点，首先要实现材料和部品的标准化，同时还要实现材料和部品之间相互连接的接口的标准化。如果这两个都实现，那就不仅仅是一个厂家生产的部品部件可以通用，而是可以像现在汽车的火花塞，A厂家、B厂家都可以通用。这是一种比较理想的状态。

Q　现在中建科技有多少人在研究你刚才说的模块化？

A　中建科技作为一个企业，我们做的工作就是在基于项目的需求进行产品与技术的迭代，每一个项目产生了每一代的技术。我本人在规划设计研究中心，任务就是要和大家协同起来，不要狗熊掰棒子，一路掰一路丢。干完了一个项目，形成一些好的经验，就要在下一个项目上继续应用，继续迭代，继续更新，持续提升。所以我们的研发，是基于项目的研发，每完成一个项目，我们会反思过去这个项目里面存在的不足，在策划新的项目时，思考如何去做。通过这种方式来做研发和提升。

Q　假如大家都扛指标，没有一个部门专门坐冷板凳的话，一旦企业业绩不佳，要去优化，是不是就很难研究下来了？

A　我们研究过这个问题，有类似的意见，也有反对意见，都有道理。之所以基于项目去研发，是因为这样的研发是能落地的，它是经过了商务、招采、工厂、施工等方方面面的考验而得出来的结果，所以它的落地性非常强。我们也在不断努力让我们的产品与技术源于项目、高于项目，再用于项目。

Q 你对装配式内装未来的发展是什么看法？

A 我对未来的看法还是比较乐观的。虽然我们在建筑工业化方面比世界发达国家走得要慢一点，短期我们的人才与技术还不到位，但是未来我们是可以突破的。我们国内有最完备的工业基础，我们有国内14亿人口这么一个广阔的市场，只要这个市场保持着活力，只要有我们的工业基础做支撑，有我们的企业和人才不断努力去更新迭代，我相信在不久的将来，我们的装配式内装会发展得更好。

图1 长圳项目效果图

基本信息

设 计 时 间	2019年
设 计 时 间	2019年
竣 工 时 间	2021年
装饰设计单位	中建科技集团有限公司
建 设 单 位	深圳市住房保障署
建 筑 面 积	116.44万m²
项 目 地 点	深圳市光明区光侨路

1. 项目参数

深圳市长圳安居工程及其附属工程项目（简称"长圳项目"）位于深圳市光明区光侨路与科裕路交汇处东侧，项目概算总投资57.97亿元，用地17.7公顷，总建筑面积116.44万m²。其中：住宅建筑面积81.4万m²，商业建筑6.5万m²，公共配套设施3.2万m²。该项目计划于2021年下半年建成，提供公共住房9672套。

长圳项目是目前全国规模最大的装配式公共住房项目，秉持"住有所居"向"住有宜居"的理念，为深圳"双范"城市建设探索和铺路。项目着力打造"三大示范""八大标杆"，实现"打造国家级绿色、智慧、科技型公共住房标杆"的规划目标，成为建设科技系统集成、综合应用的绿色建筑新标杆。

长圳项目户型设计采用"有限模块，无限生长"的设计思路，通过制定大空间可变、结构可变、模数协调和组合多样等规则，解决了平面标准化和适应性的对立统一问题。不同户型内各功能模块采用标准模数尺寸，9672套住宅，8种户型，共3种厨房模块、3种卫生间模块、4种阳台模块。

装配式内装是装配式建筑的四大组成部分之一，是遵循以人为本和模数协调的原则，以标准化设计、工厂化生产和装配化施工为主要特征，实现工程品质提升和效率提升的新型装修模式下的装配式建筑组成部分。

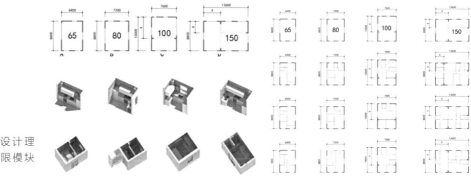

图2 户型设计理念——"有限模块无限生长"

图3 长圳项目室内客厅效果图（80m²户型）

图4 长圳项目室内卧室效果图（80m²户型）

2. 管理方式

本项目整合全产业链发展能力，在业内率先提出并实践了"研发+设计+制造+采购+施工（管理）"一体化的装配式建筑REMPC五位一体工程总承包模式。在装配式内装修产品化、系列化的基础上，结合项目实践，完成一套分区分类的装配式内装一体化解决方案。

长圳项目装配式内装修以装配式建筑四个标准化思想（平面标准化、立面标准化、构件标准化、部品标准化）为指导，遵循一体、标准化、精细化设计理念，与建筑、结构、机电等专业进行同步协同设计。标准化、模数化的空间尺寸及集成设计理念大大推动了长圳项目装配式内装修的标准化设计、工业化生产以及装配化施工。

图5　中建科技REMPC五位一体工程总承包模式

向制造业的产品设计看齐，采用数字设计技术，依托中建科技装配式建筑智能建造平台，将二维图纸设计转变为BIM信息化设计，转变为物料清单，使装配式内装设计与实施、施工实现一体化，结合信息化软件，实现现场工人安装流水化作业。

装配式内装与建筑设计同步设计，与主体结构同步施工。实现设计的标准化、一体化、精细化。在建筑设计阶段进行部品部件选型，并优先选择通用成套部品部件。采用建筑信息模型（BIM）技术，实现全过程的信息化管理和协同。

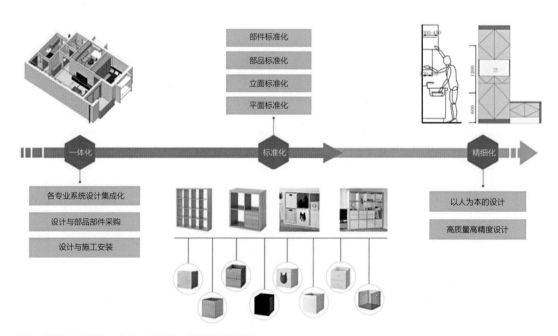

图6　装配式内装修一体化、标准化、精细化设计理念

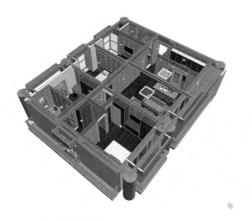
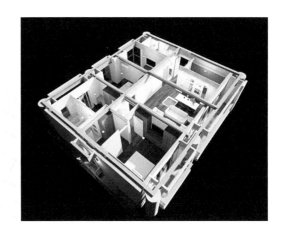

图7 BIM技术信息模型

3. 重点技术

长圳项目以装配式内装修八大系统为着力点，采用轻钢龙骨内隔墙及一体化自饰面墙板、架空地面、集成厨房、集成卫生间、集成设备及管线等装配式技术，着力提升户内居住品质和装修质量，9672套住宅全部为精装修交付，实现住户拎包入住。

长圳项目客厅效果图（100m²）

长圳项目客厅效果图（150m²）

长圳项目公区效果图

长圳项目楼梯间效果图

图8 长圳项目内装效果图

3.1 装配式内装八大系统

装配式内装修包括隔墙及墙面系统、楼地面系统、顶棚系统、集成厨房系统、集成卫生间系统、收纳系统、内门窗系统、设备和管线系统八个子系统。

3.1.1 隔墙及墙面系统

长圳项目采用轻钢龙骨墙体系，结合一体化自饰面板完成对空间装饰分隔一体化。外围护墙体可结合内保温做法设置轻钢龙骨饰面墙。利用隔墙龙骨空腔集成水电管线，实现管线与主体结构分离。墙体饰面采用一体化硅酸钙板，饰面板优先采用600mm×2400mm标准模数尺寸，保证了安装效率与装修品质。

轻钢龙骨隔墙及墙面系统有节省空间、移动重置、易于回收等特点，能让保障性住房在未来全生命周期中，内装系统随着人们的生活习惯和家庭结构发生变化而做出改变。

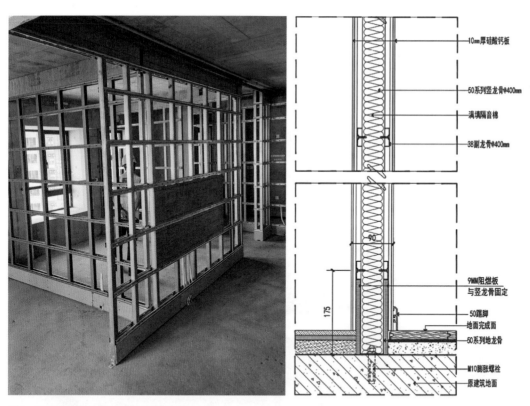

图9　项目轻钢龙骨隔墙实拍及节点大样

3.1.2 顶棚系统

长圳项目顶面采用轻钢龙骨吸顶式吊顶系统，在有水房间采用硅酸钙板基层板，无水房间采用石膏板。在预留管线敷设空间条件下，吊顶最小厚度可为50mm，最大限度保证室内净空高度。

图10　项目吸顶式吊顶实拍图

3.1.3　楼地面系统

150m²户型户内遵循SI体系标准，采用架空地面系统，架空地面内集成给排水管线，结合轻钢龙骨内隔墙及吊顶，实现设备管线与主体结构的全分离。

考虑到南方对架空地面的接受程度，65m²、80m²、100m²户型户内采用实铺强化复合木地板。两种地面系统综合使用，针对不同建筑结构体系和适应人群，最大限度保证装修品质。

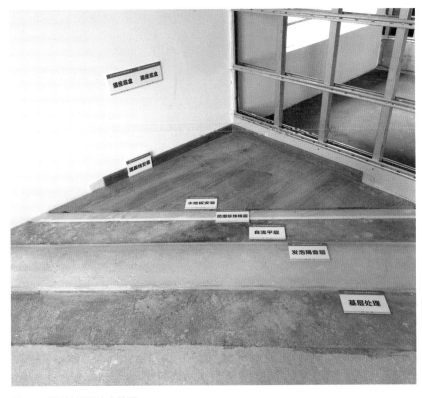

图11　项目地面做法实拍图

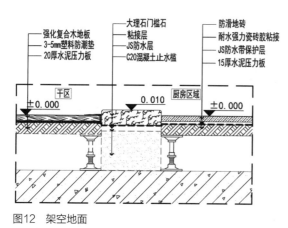
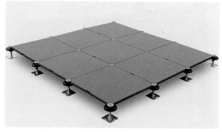

图12　架空地面

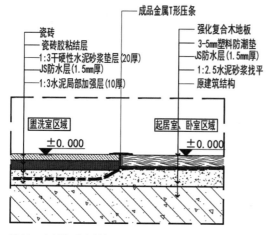

图13　实铺复合木地板

3.1.4　内门窗系统

长圳项目内门共3种，采用标准化尺寸设计，统一2.4m高，集成设置门头板及门套，与轻钢龙骨内隔墙集成设计、安装。

采用门头板的设计能省去门上的非标准板，提高墙板的标准化程度。集成门窗部品在工厂进行了充分的预装配，如合页与门套集成安装，门扇引孔预先加工，门锁锁体预先安装等，使得现场装配的程序和内容难度得到降低。

3.1.5　集成厨房与集成卫生间系统

长圳项目集成厨房、集成卫生间采用标准化、模数化空间尺寸，与主体结构、外围护、设备管线等系统协同设计，墙面采用一体化自饰面硅酸钙板（UV涂膜），地面采用300mm×300mm地砖薄贴工艺，吊顶与灯具、喷淋等设备管线集成设计。

厨卫空间结合人体工程学的要求进行标准化、精细化设计。墙面采用轻钢龙骨结合一体化自饰面板的做法，能有效避免传统湿作业空鼓、脱落、开裂等质量风险以及原始建筑空间平整度不够需要额外进行找平的问题。机电一体的整体施工避免了传统装修存在的隐蔽工程问题，整体防水底盘

图14　项目三种门实拍图

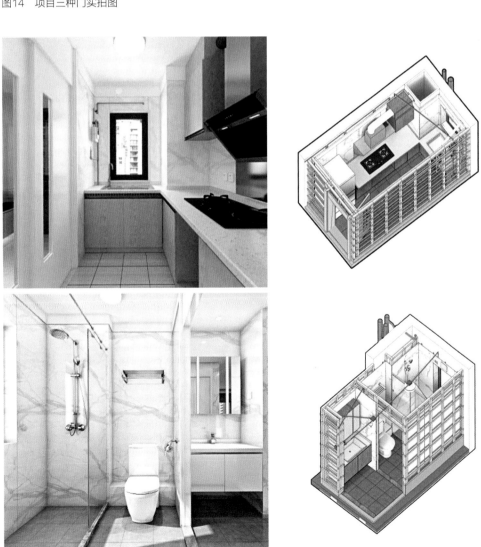

图15　项目厨房、卫生间效果图

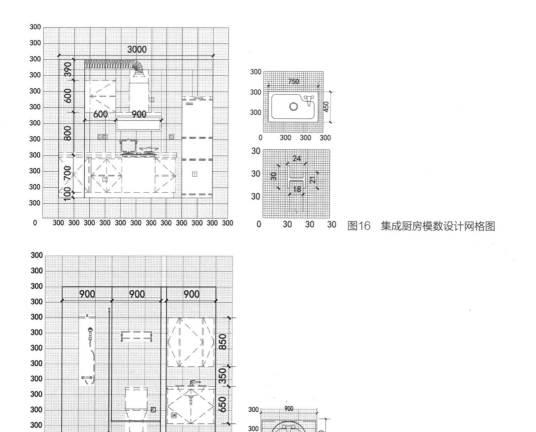

图16 集成厨房模数设计网格图

图17 集成卫生间模数设计网格图

及同层排水的管道铺设，避免了漏水以及对下层的影响，防臭性能也更良好。

装配式部品在工厂加工制造，现场仅安装施工，装修精度大幅提升至毫米级，人为因素影响大幅降低，装修品质更容易得到保障。

3.1.6 集成设备及管线系统

长圳项目150m²户型户内采用SI体系，通过轻钢龙骨内隔墙、架空地面、吊顶实现设备管线与结构完全分离，避免对主体结构的剔凿。

65m²、80m²、100m²户型给排水管线结合轻钢龙骨内隔墙及局部吊顶敷设，全部与主体结构脱离，电气管线在叠合楼板情况下敷设于50mm吸顶式吊顶空间内。

轻钢龙骨内隔墙集成水电管线设计，采用统一模数的横龙骨尺寸及水电点位高度，龙骨排布与水电点位相协调。

采用分水器技术，可用于各层配水，单管多路使用，布置紧凑，可避免过多安装三通四通管件，极大节约施工时间，提高效率，并减少水头损失。

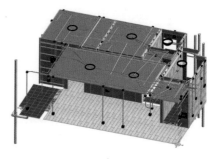

图18 长圳项目65m²户型精装机电BIM模型

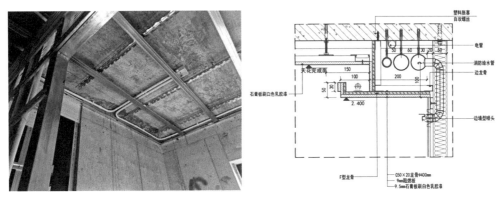

图19 水电管线与吊顶集成设计

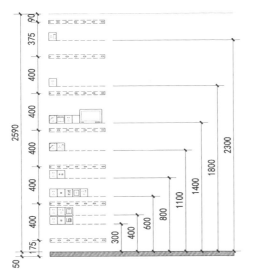

图20 内隔墙龙骨与点位协调示意图

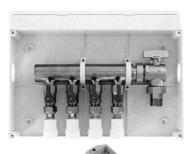

图21 分水器与分电器技术

采用分电器（导线连接器），可将建筑电气低压配电分支线路接续、分线、T接。减少布置管线的工程量，提高工效，降低劳动强度。

3.1.7 收纳系统

长圳项目户内收纳采用标准化、模块化设计，并与隔墙、吊顶等系统相协调，与标准化户型空间设计相统一，对收纳进行精细化设计，适应各功能空间使用并预留未来加载条件。整体收纳在工厂生产，使得产品的尺寸偏差小，质量稳定。采用标准化的部品部件，易于维修更换。

长圳项目玄关柜采用尺寸为1600mm×350mm的统一模块，包括鞋柜、收纳、展示、衣帽四个区域，设计集成机电管线，在柜体中部展示区设置五口插座，并预留感应灯带增设条件。

橱柜设计结合标准化厨房模块设计，统一采用L形标准化橱柜模块，吊柜与油烟机集成设计并交付，预留消毒柜、厨下式净水器空间及插座点位。

盥洗柜采用900mm宽统一模块化设计，分为镜柜及地柜两部分，镜箱柜采用三面镜，两侧布置LED纵向灯带，洗手盆台下式安装，地柜底部架空。

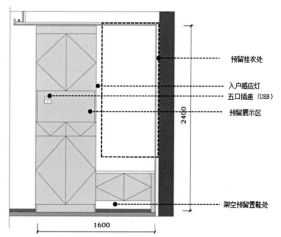

图22 玄关柜模块立面图

图23 玄关柜效果图

图24 玄关柜实拍图

卧室吊柜统一采用550mm深度，预留2150mm高衣柜布置空间。

该产品体系为安居型住房内装修设计，提供一体化、集成化的成套技术解决方案，在设计、施工、后期运维三个层面皆有重要价值体现。

3.2 设计层面

装配式内装修设计与建筑设计同步进行，与结构系统、外围护系统及设备管线系统进行一体化集成设计，提前与各专业对接进行设计条件预留，在设计阶段对项目内装修完成面品质进行把控，提升设计、施工效率，对于项目整体标准化和精细化设计有重要意义。

3.3 施工层面

装配式内装修与主体结构同步协同施工，验收分为多个批次，提升施工效率。内装施工与建筑施工同期协同施工，提升了设计与施工的效率、质量，通过穿插施工、流水式安装，缩短总体施工时间30%～50%；工人也在这样流水化的作业中成长为熟练工人，进一步提升了建筑产品的品质。

3.4 后期维护层面

由于装配式装修部品全装配化，各部分质量责任清晰，省去了维修的沟通协调环节。其不仅具备低于传统式装修80%的维修率，而且安装、拆卸、更换也比传统式装修成本更低。

装修交付后，提供《住宅使用说明书》及《日常维护计划》给住户，提高用户意识，有效保证产品的使用性能，降低产品维修率。针对不同维保项目提供给住户详细的检查、维修方法、维修期限等，保证后期维护质量及使用的便利。

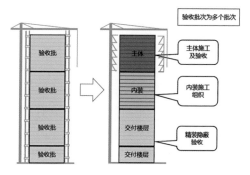

图25 穿插施工示意图

团队合影

项目小档案

项 目 名 称：深圳市长圳公共住房及其附属工程项目
项 目 地 点：深圳市光明区光侨路
建 设 单 位：深圳市住房保障署
总 承 包 单 位：中建科技集团有限公司
装 饰 设 计 单 位：中建科技集团有限公司
主 要 设 计 人 员：李 文　潘旭钊　丁 峰　黎华东　王 健　应振国　王文伟　蓝兆徽　李 强　金 姗　桂铁原
　　　　　　　　　张晟毓　张鸣一　孙文昌　汪儒生　李 想　屈兴凤
摄　　　　　影：黄南雄
整　　　　　理：应振国　蓝兆徽

马国朝

中国建设科技集团上海中森建筑与工程设计顾问有限公司室内工程设计院院长，高级工程师，中国建筑装饰成品住宅项目专家，上海市优秀青年工程勘察设计师。

近十多年来主要从事居住环境研究。从传统住宅建筑全装修一体化设计到装配式建筑装配式内装一体化，始终坚持提升人民居住环境，初心不变，砥砺前行，钻研新技术研究与运用，积极推广健康生态住宅、科技智能住宅、长寿命全生命周期住宅等方面的研究与实践工作。先后参与多个国家和上海市装配式建筑示范工程项目内装修一体化设计，其中3个项目获得中国土木工程詹天佑优秀小区奖。住宅梦公园实验基地——绿色工业化建造集成技术研究，荣获上海市建筑学会科技进步三等奖。积极参与《住宅室内装配式装修工程技术标准》《装配式室内墙面系统应用技术规程》《装配式内装修技术标准》等装配式内装规范编制，助力行业发展。

设计理念

为美好生活方式而设计，设计我们的美好生活。

让房子回归基本居住功能，让设计回归生活本质，美化人民的居住环境，为人民美好生活而设计，就是我们设计师的奋斗目标。

随着建筑行业的发展，人民对建筑的功能需求，已从最初的"遮风避雨"需求升级到内部居住环境的"绿色环保智能高品质"需求。我们经历了第一代精装产品普世化精装修，到第二代精装产品定制化精装修，再到第三代精装产品智能工业化精装修。在三代产品的迭代升级过程中，始终围绕解决人民对美好生活的向往追求，我们将产品模块化、装配化、智能化、信息化，开发了中森"HIGA"装配体系，延伸产业链条，尽量把建筑业碎片化的资源集成管理，使其自然融合。从人民身体健康、材料环保、绿色低碳、生活舒适度等方面出发，将水、空气、光、智能化设备、颜值搭配等融入我们设计的方方面面。通过工业化内装模块，装配组合使其空间灵活可变，一房、二房、三房根据人员结构功能需要变化而变化，大家也叫它会生长的房子，聪明的家。

访谈现场

访谈

你在房地产行业从事装配式内装研究这么多年，从传统精装修到装配式内装，谈谈你一路走来的个人工作经历。

A 我是2006年毕业后直接从事室内设计行业，转眼间已过了15个年头。我的工作经历比较简单，总共从事了两家设计单位，第一家是华东建筑发展有限公司，然后就是现在的上海中森设计院。第一家公司主要从事酒店空间设计工作，当时是做设计助理，积极配合主创工作，前期做一些简单的辅助工作，后期也进行了大量的尝试，将自己的一些想法推荐给主创，只为项目更加完美地呈现出来。在这一阶段，也学到了很多东西，可以说为整个职业生涯的发展奠定了基础。

2009年我有幸加入中森，入职室内部门。由于大部分都是开发商住宅项目，发现和之前的酒店设计是完全两样的，于是我怀着空杯心态从头来过。真正深入之后，我发现之前的酒店设计还是很有用，因此我把酒店的设计经验用到住宅设计当中，给人耳目一新的感觉，让家有了酒店般的高贵和温馨。为此我们的业务也越来越多，但是大部分都是传统精装修。直到2013年，随着装配式建筑预制率和装配率要求的不断提高，装配式装修也提上了日程，装配式装修单位也如雨后春笋般冒了出来。由于我们单位在建筑的装配式技术行业起着引领作用，所以决定了

参观项目

我们的装配式内装也不能够落后，我们室内部门很早就展开装配式内装的研究工作，并开展了装配式内装业务，一直冲在行业前线，不断深耕，一直延续到现在。

Q 中森在这十几年的发展过程中，有哪些阶段性的成果？

A 这十几年来，中森一直走在装配式内装行业的前列，从装配式混凝土产品系列、装配式钢结构产品系列、装配式木结构产品系列、工业化内装产品系列、预制集成维护产品系列到预制地下部品产品系列，均形成了自己的体系。目前正在深入研究HIGA建筑工业化装配式体系。所谓HIGA就是人性化（Humanization）、工业化/智能化（Industrialization/Intelligent）、绿色/生态环保（Green）、高适应性（Adaptable）。

人性化是指对与产品相关的人员关怀，包括使用者、开发者、设计者、建造者、维护者；工业化/智能化是指全过程的高效工业化、智能化，包括设计、生产、运输、装配、装修、检测、评估、修复的生命周期全过程；绿色/环保是指全过程绿色环保理念，包括材料环保、工艺集约、使用舒适、节水、节电、无垃圾、无粉尘、微噪声；高适应性是指适应不同地区、不同工业化程度、不同经济水平的装配式建筑实施。这在目前整个装配式建筑行业也算是比较先进的理念。

运用这个理念我们承接了很多示范项目，2016年10月荣获了国家装配式建筑产业基地和装配式建筑专项设计技术实训基地。通过项目案例，数据总结，为参与的多项装配式规范提供了有力的数据依据。

Q　你认为装配式装修和传统装修的区别主要在哪些方面？

A　装配式装修与传统装修方式相比，由于是标准化设计、统一工厂生产、批量施工，在中档装修中，工业化装修的成本明显降低，污染和浪费大大减少，更符合健康、安全和环保的要求，是推行绿色低碳建筑的重要部分。

从设计思路上来讲，传统装修设计师只需从一个正向的设计思路出发，根据客户想要的风格等内容进行简单沟通，设计师设计完稿后，再与客户进行沟通修改，这样客户仅仅是在设计师设计的基础上进行局部改动；而装配式装修设计师要有逆向思维逻辑，把设计进行爆炸分解成部品零件，不单单是强大数据库模板直接调用标准化、模块化、成品化的部品，而是要有系统性的思维，了解深层的拼装原理，再结合客户喜好进行搭配、拼装与拆分组合。要完全摒弃传统的做到哪里可以继续想、随意改的思路，装配式装修要考虑改一点就带来的部品组件是否可以完美衔接的问题。

从施工上来讲，传统装修施工周期长，现场垃圾及噪声污染较大，施工质量参差不齐；而装配式装修将部品组件在工厂工业化精细化生产，现场只进行技术工人后期安装，无污染，噪声小，成品更加标准和精美，品质更容易保证。

从成本上来讲，主要看装修的标准区间，低标准的传统装修成本较装配式内装要低很多，只有中高档的装修标准才能把成本降下来。我国目前发展水平有限，低成本的装修标准较多，这也是为什么装配式内装在普通装修市场发展受到制约的原因之一。

从环保上来讲，传统装修普遍存在气味重、甲醛含量高的问题，近年来装修材料的不断升级，已经基本解决了装修污染的问题，但是一些需要特殊处理的部位，还是不可避免地需要用到含甲醛的材料；而装配式装修采用环保材料，直接扣装上组件，不使用含有甲醛等有害物质的原材料，可以完全做到节能环保。

Q　在上海的装配式内装行业，你觉得哪些企业处于比较领先的地位？

A　目前就全国范围来说，整个装配式建筑的占比情况是这样：2019年上海新开工装配式建筑

3444万m^2，占新建建筑面积的比例达86.4%；北京市1413万m^2，占比26.9%；湖南省1856万m^2，占比26%；浙江省7895万m^2，占比25.1%。另外，江苏、天津、江西等地装配式建筑在新建建筑中占比均超过20%。由此可见，北京、上海等一线城市在整个大的装配式建筑行业里是处于领先地位的，同时在装配式内装行业也处于领先的地位。单纯就上海来说，比较领先的企业有综合型和专项型两大类型公司，像品宅、开装、禧屋、科逸、中森、优格等，在行业里做得算是比较有特色的，同时对整个上海装配式内装行业的发展也做出了很大的贡献。

Q 目前整个装配式内装行业发展的趋势和现状是什么状态？

A 就目前整个装配式内装的发展来看，还是一线城市的发展较为快速，这取决于两点：一是一线城市人们的消费理念比较先进，接受新事物的能力较强；二是一线城市人们的消费能力普遍较高，能够接受目前装配式内装的价格。

装配式内装发展的现状，还处于起步阶段，还在国家政策扶持的阶段，各项技术正在日趋成熟，市场接受度也在慢慢提高。

Q 从装配式内装行业的发展来看，没有被广泛运用的主要问题出在哪里？现阶段推行方面有什么难度？

A 装配式装修目前基本上在长租公寓、酒店、保障房项目上应用较多，在普通C端方面少之又少，主要原因有以下几个方面：

第一，装配式内装造价太高。这是一个B端和C端都面临的问题。对于B端来说，虽然较短的工期可以带来更长的经营时间，但是成本的提高也是一笔不小的开支。对于C端市场来说，新技术、新工艺是需要信任成本的，消费者意识也没有到达那个阶段，装配式内装看起来很好，但是目前国内大部分企业依然是少量投入，仍然无法满足用户需求。

第二，人才培养方面。毋庸置疑，装配式内装在整个工期的缩短上肯定是有了大大的提高，但是在实际操作上并没有完全体现出来，原因就在于交付流程的打磨还不够极致，服务流程还不够成熟。整个行业的发展，还远远没有达到不依赖人的程度，所以在相关人才的培养方面还存在巨大的差距。

参观项目

第三，资金压力。装配式内装的批量化生产及安装，无论对生产商还是施工方都存在着巨大的资金压力。短期内完工，势必会进行垫资，而且无法像传统装修施工一样，按进度支付款项，因为施工过程很短，只能采用垫付方式进行生产和施工，这就造成无论是生产商还是施工方，如果没有资金方的大量支持，是无法快速实现规模化的。

第四，政策方面还有待完善。目前相应的规范指南还比较少，很多企业不知道怎么做，都在摸着石头过河、边走边创新。再加上真正实施的案例占整个行业的比重比较低，不足以出规范来规范市场，仍需要很长一段时间的野蛮生长。

现阶段推行方面的难度就是找不到合适的生产商。因为装配式内装在环保方面的要求很高，使用的材料也都是一些新材料，成本较高，市场接受度还没有达到预期的水平，造成没有生产商愿意大规模进行生产。从开发商统一招标上，难度也很大，每个厂家构造都不一样，无法统一细项拆分招标，只能整个产品招标，很难找到统一评定价位。整个行业还处在起步阶段，还有很长的路要走。

Q **有人说装配式内装很多部品都是标准化、模数化、工厂化的模板，这对设计师来说创意性发挥会受到很大限制吗？**

A 这可能是不了解装配式内装运行模式造成的误解。并不是说部品标准化、模数化、工厂化以后，就不需要设计师了，设计师在装配式内装中的作用反而是加强了。传统装修中，设计师仅仅是施工前出图，之后就与设计师没有多大关系了。但是在装配式内装中，设计师既要参与前期的模板创作，又要参与后期的拼装设计。装配式内装前期的建模阶段，是需要拥有很强设计能力的顶级设计师参与进来的，因为从整体的创意到分拆的部品，是一个对设计要求很高的过程，包括后期如何将部品拼装成不同风格、不同种类的设计图纸，这都是需要很强大的设计功底的，所以说这种说法是误解的。就像乐高一样标准化的模块，通过不同手法的拼装，却做出了无数种的有趣作品。

Q 装配式内装现阶段推行如此之难，你对整个行业的前景还看好吗？

A 那是自然的。装配式内装目前仍然处于起步阶段，推行困难是必经的过程。但是从长远看，无论是设计、施工、环保，还是成本，装配式内装都将是一个非常好的选择。随着生产技术的不断改进、人才培养的不断完善、人口红利的减少、人工成本的增加，改用安装作业，装修材料和人工成本的剪刀差即将到来，整个行业的崛起是早晚的事情。而且近年来部分政府酝酿大力出台各类政策支持装配式建筑及装修的发展，支持开展工业化精装示范试点和推进绿色保障性住房建设，更有部分政府部门对采用装配式内装的居民采取政府部分补助的政策，大力推行装配式项目试点，让装配式内装深入基层人民生活生产中，造福人民。所以我对这个行业的前景是十分看好的。

Q 国家碳达峰、碳中和的政策是否会带动装配式产业的发展？会将装配式推向什么高度？

A 从目前世界范围看二氧化碳排放和一个国家的工业化经济发展是正相关的。对中国而言，碳达峰是国家提出的2030年碳排放量达到峰值，透露了我国这十年将迎来新的经济发展高峰，到2060年我国将达到碳中和，说明我国有很强的对碳的排放控制和治理能力，更重要的是碳中和的决心。我国是工业化制造大国，也是碳排放大国，节能减排显得尤为重要。在我国各大能源产业里面，最大的是发电，第二是制造业，第三就是建筑业，第四是交通等。就我们从事的建筑来看，我们处理好排放与发展的关系特别重要，清洁能源和再生能源是我们的不二选择。

为推动我国实现"碳中和"的目标，发展装配式建筑及装配式装修有利于节约资源能源、减少施工污染、提高劳动生产效率和质量安全水平，有利于加速建筑业生产方式转变，全面提升建筑品质，实现节能减排和可持续发展。此举是在住房城乡建设领域贯彻落实创新、协调、绿色、开放、共享的发展理念，按照适用、经济、安全、绿色、美观的要求，推动建造方式创新的重要体现。这会带来工业化装配式的迅猛发展，新的装配可重复再生材料将会迎来新的发展春天，对传统行业的碳排放量大的如烧制部品企业会带来一定的冲击，对装配式产业链上的企业都会带来一定的影响。

Q 装配式内装未来发展的方向在哪里？

A 随着建筑行业的发展，人民对建筑的功能需求，已从最初的"遮风避雨"升级到内部居住环境的"绿色智能高品质"。我们经历了第一代精装产品的"普世化精装修"，到第二代精装产品的"定制化精装修"，目前已处在第三代精装产品"智能工业化精装修"。在三代产品的迭代升级过程中，始终围绕解决人民对美好生活的向往追求，我们将产品模块化、装配化、智能化、信息化，开发了装配体系，延伸产业链条，尽量把建筑业碎片化的资源集成管理，使其自然融合。从人民身体健康、材料环保、绿色低碳、生活舒适度等方面出发，将水、空气、光、智能化设备、颜值搭配等融入我们设计的方方面面。通过内装模块装配组合使其空间灵活可变，一房、二房、三房根据人员结构需要变化，把家变成"会生长的房子""聪明的房子"。绿色环保、低碳健康、全生命周期通过即时可变的装配式内装手法，实现不同功能变化满足人们的美好生活，将是我们未来大力发展的方向。

Q 目前各大企业对BIM的运用情况怎么样？

A 目前，各大企业对BIM的运用基本上都是后BIM，不是真正意义上正向的BIM。BIM和后BIM的区别就在于设计模式的不同。

"BIM设计"模式是以设计师为主体，基于BIM软件进行专业设计、专业协调、赋予信息数据、施工图出图；达到设计与BIM一体化、BIM模型与设计图纸同步提交；施工之前及施工阶段由设计师基于BIM配合施工单位，解决潜在的质量问题。

"后BIM验证"模式：不改变现有设计流程与工作模式，设计师进行传统的二维设计。单独成立BIM团队或由第三方BIM咨询顾问在设计图纸完成后，根据图纸翻建BIM模型，并进行专业碰撞检查与管线综合优化。设计师根据BIM审核意见调整设计图纸，重新出图或以设计变更形式提交。

虽然"BIM设计"相比"后BIM验证"模式有很多优势，但基于目前的市场现状，仍然是"后BIM验证"模式应用更多。总体来说主要有以下一些原因：

一是效益因素。BIM设计时各专业的工作量与CAD设计时相差较大,对各专业收益分配有影响;BIM设计收入相比纯设计增加不多,不足以覆盖BIM软硬件和人才培养投入的成本。

二是市场因素。市场对于BIM设计的需求不大;BIM设计价值点不突出,市场认同度还在逐步提升阶段;BIM设计过于依赖BIM软件,且目前BIM软件发展不成熟,使得BIM设计效率不高;目前施工阶段的BIM应用更成熟(即后BIM验证模式),市场认可度更高。当然,"后BIM验证"模式只是在实现"BIM设计"模式之前过渡期的产物,一旦市场认可度提高,BIM完全融入设计之后,"后BIM验证"即BIM第三方咨询团队将会逐渐消失,其团队人员会被吸纳进设计建造的各参与方中。

在浩浩荡荡的BIM潮流下,新技术的出现对传统设计方式所带来的冲击已然显现,未来设计院如何做好"BIM设计",才是更值得研究及关注的方向!

Q 你觉得装配式装修会完全替代传统装修吗?

A 所谓的装配式装修说得直观一点,就是像搭积木一样装修房子,这种新的装修方式不再需要水、水泥、涂料、油漆等传统材料,而是根据装修设计图确定所有的装修构件,包括地板、墙板、顶板基层、面层等,然后在工厂统一预制生产,再运到装修现场进行组合安装。

那么,装配式装修跟传统装修方式相比,都有哪些优势呢?第一,手艺不再是装修的瓶颈;第二,装修工期短而且零污染;第三,装修效果稳定而且易维护。

正因为装配式装修的这些优势,取代大部分传统装修只是时间问题。会留一部分传统施工,成为高端的手工装修精品。其实,装配式装修在日本已取得了市场竞争的绝对优势,占据60%以上的装修市场份额。而中国的装配式装修则刚刚起步,存在巨大的市场空白,这是装企不容错过的新风口!

图1　项目外观鸟瞰图

上海地产城方高能社区·城寓古北路店项目介绍

项 目 名 称	上海地产城方高能社区·城寓古北路店
项 目 地 点	上海市闵行区古北路名都城三期30幢
项目设计时间	2019.07—2019.09
项目竣工时间	2020.08
项目建筑面积	9200m^2
业 主 单 位	上海城方租赁住房运营管理有限公司
施 工 单 位	上海全筑控股集团股份有限公司
设 计 单 位	上海中森建筑与工程设计顾问有限公司

图2 项目外观 实景照

1. 项目概况

城方高能社区——城市生活的重新定义！房子是租来的，但生活不是！高品质公寓住宅，带给人们全新的生活方式。

城方秉持为城市各类人才提供更好的生活发展的服务平台理念，围绕"大生活、大发展"两大方向，依托租赁住房社区为载体，以"生活、工作、文娱"需求为引擎，解决人才与城市未来发展的核心问题。结合企业理念，将此次项目重新定位。由于公寓建筑内部单元重复率高，因此选择装配式的建造方法是极为相宜的。本次设计从结构体系出发，在户型层面、节点层面均对装配式建造体系的完善进行了详细研究，并延展到室内定制系统，极大地提高了整个建造过程的装配率。

图3 项目改造前

　　城寓古北路店项目位于上海市闵行区古北路名都城三期30幢，交通条件优越，古北新区是上海第一个规模化的高标准国际化社区。本项目为旧改租赁项目，主要针对的客户为各大企业高管人群，打造高端租赁住宅。在国家的支持下与技术的成熟，使装配式内装摆脱了传统装修弊端，采用干式工法作业，运用装配式装修技术，以模数化、标准化、精细化的设计理念，实现工厂预制生产，现场快速安装，根据方案效果进行拆分，做到了绿色节能及后期易维护维修，建造周期短，整栋46套户型9200m²的装饰空间在两个月完成施工。

2. 产品特色及整体产品力打造

　　上海地产城方高能社区·城寓古北路店项目以绿色环保的设计理念为基础，对保证住宅性能和品质的空间规划设计、施工建造、维护使用等技术进行创作与应用。

　　本项目将原200m²四房两厅一厨两卫拆分为2套户型，一套75m²的小户型，为一室一厅一厨一卫，另一套为100m²的两房两厅一厨两卫，中间以门厅相连，各空间占比合理分配。室内空间的玄关与客餐厅、卧室整体采用木色竹纤板，整个拼接过程不含任何胶水成分，完全避免了材料中由于甲醛释放导致对人体的危害，竹木纤维板可以任意拼接组合，搭配出不同效果。表面除了墙纸、布纹的肌理，还有皮革的凹凸质感，使得空间品质感油然而生。空间中整体采用全屋射灯的照明方式，运用点光源营造整个氛围感，给空间多了一份神秘感。整体色调多以灰色为主，空间极致简约，充分体现现代主义极简的设计手法。

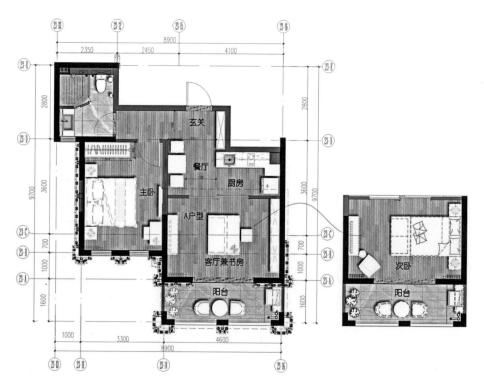

图4　A户型平面

图5　B户型平面

　　采用户内部分装配式做法，对细节的把控以及新材料的运用要求非常严格。在项目的实施过程中，将住宅研发设计、部品生产、施工建造和组织管理等环节连接为一个完整的产业链，实现住宅产业化。通过设计标准化、部品工厂化、建造装配化实现了通用的新型工业化住宅体系，构建并实施了装配式建筑工业化内装部品体系和综合性集成技术。

图6　项目客厅实景图

图7　项目卧室实景图

图8　项目卫生间实景图　　　　图9　项目餐厅实景图

3. 工业化新技术、新材料应用

本项目方案采用纳米地暖技术和竹纤维板材料，从项目确认到设计过程中对细节进行反复检讨、推敲，最终形成全装修内容的全套工业化图纸，根据现场装饰工程进度分场地进行铺设调试。

3.1　碳纳米地暖技术

纳米地暖凭借其装配式特点，按照100m²仅需2人3小时的铺设效率，大大缩减了地暖项目施工周期（节约高达70%地暖施工时间）；铺设所需地暖膜都是工厂预制化部件，只需现场拼接，无建筑垃圾产生，高效顺畅地协助了施工监理人员对进度的检查和监督。

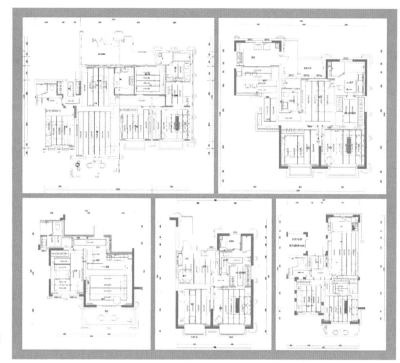

图10 户型地暖图
（采用纳米地暖）

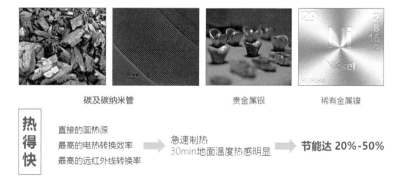

图11 碳纳米管

CNTs热源技术特点：

- 整面发热
- 5秒速热（碳纳米管发热膜）
- 超薄＜1mm
- 远红外转换效率高达83%
- 电热转换效率99.8%

图12 碳纳米地暖系统

碳纳米地暖和传统水暖对比　　　　　　　　　　　　　　表1

对比项	NABO纳米地暖	传统水暖	对比总结
工程	无设备，省去设备空间	锅炉设备费用较高，需要单独设备空间	销售卖点：客户室内使用空间增加
	结构降板减少约2cm的填充层	—	销售卖点：提升项目品质
	平整度高	平整度低	有利于瓷砖薄贴法
	临电即能使用	入住开户后才能使用	降低工程中的质量通病，梅雨季用临电即可烘干地面，解决水泥含水率12%的工程问题（地板发黑问题）；以及解决北方冬季施工问题
	无增容费	有增容费15-25元/m²	节约开发成本
	施工周期短（400m²-500m²/2人/天）	200m²-300m²/2人/天	缩短施工周期，降低建安成本
维护	免维护	锅炉定期保养+地面盘管清洗，800元/2年	减少开发商后期房修维护成本和业主维护保养成本
		锅炉寿命8-10年更换成本高（7000-25000元）	销售卖点：减少客户长期使用成本及二次换装成本高
使用	快速制热	启动时间长10-24小时	销售卖点：一网启动，减少客户日常使用成本
	分时分区使用，随开随停	采暖季一旦开启就不能关闭	销售卖点：使用便捷性强，降低费用
科技	科技感更强	产品传统	黑科技尖端产品，零售端售价498元的高端产品

碳纳米地暖和其他材料对比　　　　　　　　　　　　　　表2

项目	NABO纳米地暖	发热电缆/碳纤维	碳晶/石墨烯电热膜
耐高温高湿性（7days）	无衰减	碳纤维衰减严重	功率衰减超20%
耐水煮（8h）	无变化	无变化	开胶，衰减超20%
耐酸减性（pH13.5的NaOH溶液，高压通电浸泡10个月）	无衰减	衰减	开胶，衰减超70%
能耗	10-30W/m²	60-80W/m²	40-60W/m²
使用寿命	>50年（质保10年）	电阻丝≤30年，碳纤维≤5年	干铺<5年，湿铺<3年
电磁辐射值	0.346μT（手机的1/36）	0.4-3.0μT	1.3-100μT
远红外转换率	83%（医院理疗仪72%）	30%-50%	67%
耐温性	130℃	100℃	70℃

碳纳米采暖技术五大优势：

- 升温"快"
- 费用"省"
- 舒适"优"
- 智控"易"
- 保障"高"

采用碳纳米地暖，能快速升温，30min铺装地面热感；费用节约，节能20%-50%（每小时约为10-30W/m²）；提高室内睡眠空气质量且无噪声；即开即用，App智能控制，分时分区控制；149年使用寿命（实验室级别）。达到既舒适又节能的居住效果，为用户带来全新的生活体验。

地暖	保温层厚度（cm）	系统层高（cm）	保护层厚度（cm）	贴砖厚度（cm）	总降板厚度（cm）	薄贴厚度（cm）
NABO纳米地暖	2.04	0.2	3.76	3	9	7.5
传统水暖	2.04	1.8	4.16	3	11	11
差异	0	-1.6	-0.4	0	**-2**	**-3.5**

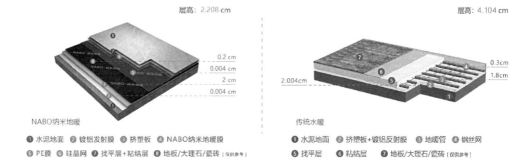

-地暖铺设系统层高对比-

NABO纳米地暖
① 水泥地面 ② 镀铝发射膜 ③ 挤塑板 ④ NABO纳米地暖膜
⑤ PE膜 ⑥ 硅晶网 ⑦ 找平层+粘结层 ⑧ 地板/大理石/瓷砖［仅供参考］

传统水暖
① 水泥地面 ② 挤塑板+镀铝反射膜 ③ 地暖管 ④ 钢丝网
⑤ 找平层 ⑥ 粘结层 ⑦ 地板/大理石/瓷砖［仅供参考］

图13 地暖铺设系统对比

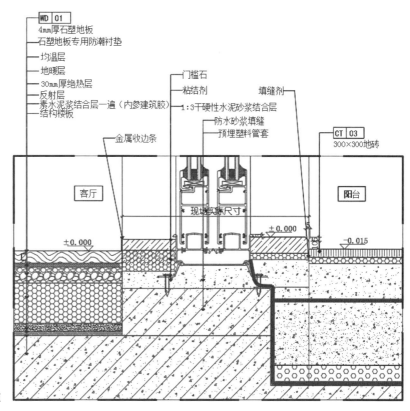

图14 地面安装节点

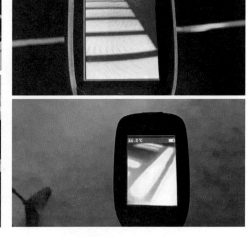

图15 碳纳米地暖现场铺设   图16 铺设通电测试

3.2 竹纤维板材料

室内空间大部分区域都整体采用木色竹纤板，完全避免了材料中由于甲醛释放导致对人体的危害，且竹木纤维板可以任意拼接组合，搭配出不同效果。通过外观造型，表面和花纹的色彩处理给此处提供了更多的人性化选择，营造了更好的视觉效果。

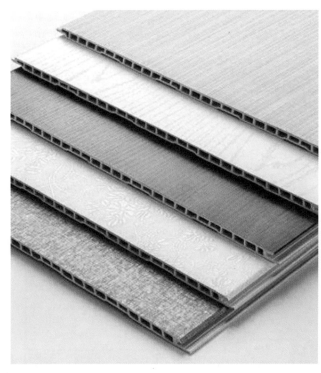

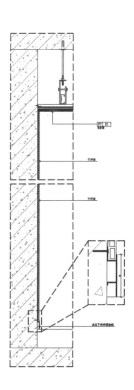

图17 竹纤维墙板   图18 竹纤维墙板剖面节点

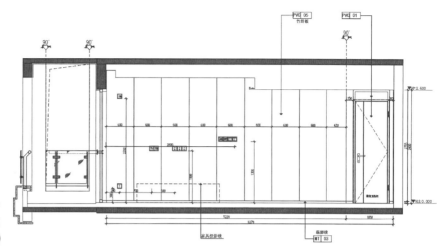

图19 某户型客厅
电视背景墙立面（采
用竹木纤维墙板拼装）

图20 竹纤维板在空
间中的运用效果

竹木纤维墙板是新型环保装饰建筑材料，具备强度大、质量轻、阻燃、防潮、防腐、防蛀、坚固耐用的特点，并符合环保、时尚、绿色设计理念。

4. 装配式施工及装配式内装体系应用

4.1 工厂化制造

"装配式公寓集成技术解决方案"融合了各类工业化生产的部品、构件、工业化内装系统以及绿色建筑技术，是从策划、设计、生产到施工、安装全过程的集成技术解决方案。

打造"前店后厂"式的生产模式，把大量的装修材料转化为工厂化，这样的好处在于一方面提高了装修的品质，另一方面提高了效率，缩短了工期，减少了现场劳动人员和粉尘污染，提高了现场清洁度。

4.2　装配式施工

在分析项目过程中，结合我国人口状况和生活方式等国情的前提下，项目针对当前项目问题，提出了整体运用新型技术解决耗能大、不环保的建设通病。

项目从针对的住宅居住客群来分析，公寓应从具备普适性住宅居住功能的完备性和面积空间能效性要求入手，从满足居住功能需求出发，实现功能的优化集约。项目重心在于提升居住品质，结合精装修采用装配式内装集成技术，打造具有优良性能的住宅公寓。

装配式装修是一种将工业化生产的部品部件通过可靠的装配方式，由产业工人按照标准化程序采用干法施工的装修过程。装配式内装就好比将汽车部件整合为一个整体，装配式内装就是将部件整合为一个可调控的室内空间，空间的部件包括地面系统、轻质内隔墙系统、吊顶系统、内门窗系统、整体厨卫部品系统、储藏收纳系统、设备与管线系统、智能化等内装体系。

图21　装配式内装分解图

4.2.1　装配式内装系统——隔墙系统

本项目采用装配式精装住宅的实体墙、轻质隔墙和管线分离技术进行设计，在实际建造实施中，大部分管路在天花吊顶和隔墙中综合布置，最大程度上便于维修和更替，但依然有部分管路，如排水管需要在地面上设置，这就需要采用合适的架空体系实现此功能。

装配式内装修隔墙系统，主要采用干式工法，在工厂生产、现场组装而成的具有装饰效果和挂重功能的集成化隔墙，由基层墙体、连接构造和复合饰面板面层构成。

可移动装配式承重或非承重分隔墙；可组装装配式承重或非承重分隔墙；隔墙空腔中用来铺设微型管道、新风支管、除尘支管、电气管道、管线、智能化、开关、插座等设备。

室内采用轻钢龙骨或钢结构隔墙，根据房间性质不同龙骨两侧粘贴不同厚度、不同性能的石膏板或者成品饰面板。需要隔音的居室，墙体内填充高密度岩棉；隔墙厚度根据轻钢龙骨型材规格可调，因而可以尽量降低隔墙对室内面积的占有率。此类隔墙，墙体厚度能够保证电气走线以及其他

图22　装配式墙体构成工艺

图23　装配式竹纤维墙板

图24　现场安装后实景图

设备的安装尺寸。同时，轻钢龙骨隔墙重量轻、定位精度高、表面平整、具有优越的抗震性能，在拆卸时方便快捷，又可以分类回收，大大减少废弃垃圾量。

4.2.2 装配式内装体系——顶棚系统

装配式内装修顶棚系统，主要采用干式工法，在工厂生产、现场组装而成的具有装饰效果的集成化天花，由吊挂支撑、连接构造和复合饰面板面层构成。

无缝或密缝顶棚，增强美感技术；金属板吊顶防弯变形；拉膜顶棚无阴影技术；顶棚吊顶空间内用来铺设给水、电气管线、新风设备及主管、空调主机及主管、灯具设备等。

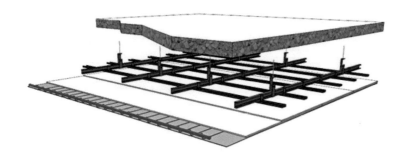

图25 装配式顶棚安装工艺

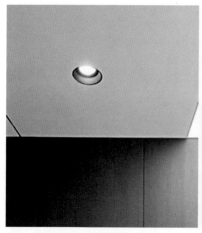

图26 装配式顶棚工艺

4.2.3 装配式内装体系——地面系统

在城方项目中运用了装配式内装修地面系统，主要采用干式工法，在工厂生产、现场组装而成的具有装饰效果和承重功能的集成化地面，由基层墙体、连接构造和复合饰面板面层构成。

地板下面采用金属支脚或树脂尼龙支脚螺栓调平稳固技术；架空空间用来铺设给排水管线、电气管线，设备等；在地板上放置安装隔墙技术，不破或者少破坏地面技术；地板与墙体交界处预留缝隙，避免鼓面效应。同时在地暖方向采用了新型材料，这是一个新的亮点——纳米地暖技术，提高了空间的舒适度。

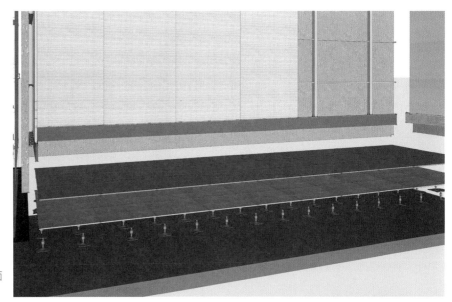

图27　装配式地面
安装工艺效果图

图28　装配式地面
安装工艺实拍图

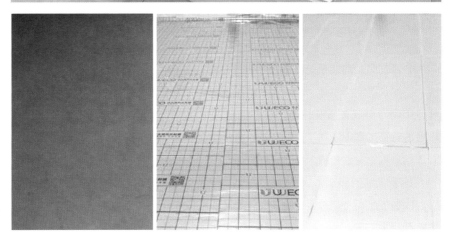

图29　地面找平；
反射膜；挤塑板

4.2.4　装配式内装体系——收纳系统

项目采用成品衣柜设计与标准化部品集成技术，统筹考虑收纳空间内各种部品之间的合理布局与有效衔接，整合模块化、标准化的收纳系统，实现使用、储藏等不同功能的统一协作，使其达到功能的完备与空间的美观。

工厂化订制加工的成品衣柜，避免了现场作业的误差和质量问题。同时成品衣柜的选材和空间效果呼应，使整体空间性能更完善却不失空间美感。

图30　成品衣柜在空间中的运用

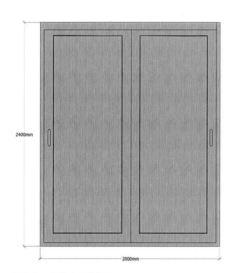

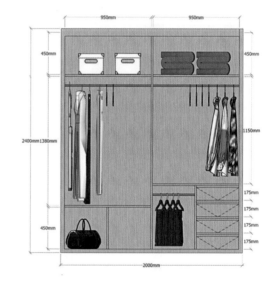

图31　成品衣柜详图

5.　信息化管理

中森装配式内装系统是基于中森"HIGA"建筑工业化体系下的系统之一，与装配式混凝土系统、装配式钢结构系统、装配式木结构系统、预制集成维护系统、预制地下部品系统共同组成了中森"HIGA"建筑工业化体系。它继承了大体系的人性化、工业化、智能化、绿色生态环保和高适应性的特征，真正做到了土建装修设计一体化、设计模块标准化、生产工厂化、施工安装装配化、管理信息化、应用智能简单化。

基于绿色建造理念，对项目进行整体策划，采用BIM技术实现全过程的模拟仿真和管理。

预制装配式内装必须进行精细化设计，必须采用三维设计模式，实现计算机模拟施工，指导现场精细化施工。

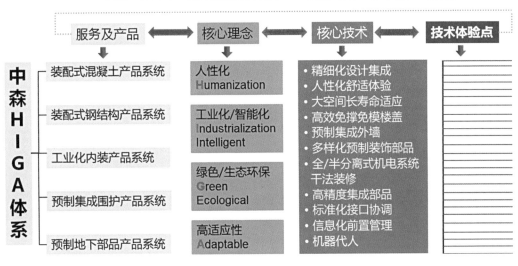

图32　HIGA建筑工业化体系

　　预制装配式内装精细化设计还体现在预制构件的设计，包括节点设计、连接方法等，只有通过三维数字化设计才能满足预制装配式建筑设计要求。BIM在该项目中有着至关重要的作用，可视化交底即在各工序施工前，利用BIM技术虚拟展示各构件模型、施工工艺，尤其对新技术、新工艺以及复杂节点进行全尺寸三维展示，有效减少因人主观因素造成的错误理解，使交底更直观、更容易理解，使各部门之间的沟通更高效。

6. 项目总结

　　公寓建筑由于其规模大、规则性强等特点，非常适合采用工业化建造技术，易于实现高效优质低能耗。在此次项目中实现了节能环保的目标，使用纳米地暖技术比传统水暖月消费降低一半以上，成功实现低能耗。

使用纳米地暖技术实测数据　　　　　　　　　　　　　　　　　表3

设计功率	7648W	建筑面积（m²）	108	设计功率密度	118W/m²		电压	226V
时间	功率（W）	功率密度	设定温度 8：00-8：00	室内温度 8：00-8：00	室外温度	当天加热时间（h）	当天总能耗（度）	W/m²
12月14日	7900	73.15	20	20	4	5.83	69.3	26.74
12月15日	7900	73.15	20	20	2	3.85	25.7	9.92
12月16日	7900	73.15	20	20	0	3.05	21.7	8.37
12月17日	7900	73.15	20	20	2	6.36	46.3	17.86
12月18日	7900	73.15	20	20	4	3.28	21.5	8.29
12月19日	7900	73.15	20	20	5	3.07	21	8.10

续表

设计功率	7648W	建筑面积（m²）	108	设计功率密度	118W/m²		电压	226V
时间	功率（W）	功率密度	设定温度	室内温度	室外温度	当天加热时间（h）	当天总能耗（度）	W/m²
			8：00-8：00	8：00-8：00				
12月20日	7900	73.15	20	20	1	3.88	25	9.65
12月21日	7900	73.15	20	20	3	4.0175	30.2	11.65
12月22日	7900	73.15	20	20	5	4.295	37.1	14.31
12月29日	7900	73.15	20	20	5	0.94	8.7	3.36
12月30日	7900	73.15	20	20	−3	2.1475	17.2	6.64
12月31日	7900	73.15	20	20	−6	2.73	24.6	9.49
1月1日	7900	73.15	20	20	1	2.71	28.1	10.84
1月2日	7900	73.15	20	20	4	1.0475	11	4.24
1月3日	7900	73.15	20	20	7	1.945	20.3	7.83
1月4日	7900	73.15	20	20	8	1.2025	12.5	4.82
1月5日	7900	73.15	20	20	4	1.2875	13.3	5.13
1月6日	7900	73.15	20	20	3	1.255	13.2	5.09
1月7日	7900	73.15	20	20	−6	1.99	21.3	8.22
1月8日	7900	73.15	20	20	−4	1.87	19.4	7.48
1月9日	7900	73.15	20	20	−2	2.7775	28.8	11.11
1月10日	7900	73.15	20	20	−1	4.765	36.6	14.12
平均值					1.5	2.92	25.13	**9.69**

在产品打造过程中，标准化装修成为其核心环节，从设计构思到安装收尾，每个节点的高效势必会是规模化复制的核心因子所在。采用SI理念（主体结构与内装分离）的装配式装修大显身手。

装配式建筑在建造过程中采用标准化设计、工厂化生产、装配化施工、一体化装修、信息化管理的五大模式，将设计、生产、施工等环节贯穿形成完整的产业系统。在此基础上又集成了大量的绿色化技术，形成高效、节能、环保和资源循环利用等特色，提升了建筑质量和品质，实现建筑可持续的绿色发展目标。

团队合影

项目小档案

项 目 名 称：上海地产城方高能社区·城寓古北路店
项 目 地 点：上海市闵行区古北路名都城三期30幢
项目设计时间：2019.07—2019.09
项目竣工时间：2020.08
项目建筑面积：9200m^2
业 主 单 位：上海城方租赁住房运营管理有限公司
施 工 单 位：上海全筑控股集团股份有限公司
设 计 单 位：上海中森建筑与工程设计顾问有限公司
主要设计人员：马国朝　顾明星　陈臻峰　刘小凤　陆 萌　李 丰　陈荣杰　张 稷　汪 政
摄　　　　影：余子煜
整　　　　理：顾明星

姜延达

日本株式会社RIA（立亚设计）总公司中国事业开发部主任，中国区总部副总经理。2007年毕业于名古屋工业大学社会开发工学科（本科），2009年毕业于同一所大学社会工学专攻（硕士）。2009年进入株式会社RIA至今。

完成项目：日本相模大野大型铁路商业综合体设施建筑设计、日本武藏小杉商业综合体设施建筑设计、日本浜松町商业综合体设施建筑设计。2011年参与中国青岛市李沧区板桥新城城市规划、中国青岛市市民公共服务中心建筑设计、中国西安昆明池地区规划设计、中国住宅产业化常州新城公馆百年住宅项目设计（百年住宅认定）、中国海南省博鳌抗癌城规划设计、中国住宅产业化大连亿达百年住宅项目设计、北京首开寸草亚运村养老项目设计（中国建筑学会奖，WA中国建筑奖）、北京首开寸草恩济花园养老项目设计、北京太和广源医养结合养老项目设计、北京法华寺养老项目设计、北京方恒东景养老项目设计、日本高轮地区TOD综合体项目等建筑作品。

设计理念

"坚持、持续、连续"

无论空间还是时间，无论单体建筑还是城市开发，无论衍生出再多的需求与变数，人的生活都需要"连续的空间"以及"持续的发展"，这需要一份"坚持不懈"。 用长远的眼光看待"人与建筑与城市"的关系，为建筑的使用者提供更加充满"活力与朝气"的生活空间，同样需要一份"努力与坚持"。

访谈照片

访谈

Q **请简单谈一下你的教育背景以及工作经历。**

A 我在沈阳的东北育才外国语（高中）毕业后，17岁来到日本，进入名古屋工业大学的建筑学科学习建筑。经历了本科四年、硕士两年的学习，毕业后进入现就职的设计事务所，日文名叫株式会社RIA（株式会社アール·アイ·エー），中文叫立亚设计。

Q **请简单介绍一下你知识范畴中的装配式。**

A 这种工法主要分为两大体系——S体系和体系。S体系是主体，建筑的结构体系和部分外表面装饰体系可以用这种装配式工法来进行安装建造。在日本，并非所有的RC（混凝土）建筑全是由PCa（Precast Concrete）拼装而成，是否采用PCa工法其实是由一种经济策略来衡量的。第一种，当地块非常狭小，无法在现场附近做临时PC工厂的情况下，会采用现浇或者从其他地点运输PC梁柱来进行拼装。第二种，如果现场面积足够大，会在现场周边做一个临时的PC场来进行制作。当这两种都不满足又不能在经济利益上达到平衡的时候，会采用现浇。就我本人负责过的项目来说，真正采用主体装配式工法的项目不到三成。

体系是内装体系，我个人认为内装装配式一定会成为未来的主流。因为这种工法具有环保、施工安全便捷、节省人工等优点。日本的少子高龄化在全世界闻名，现场的诸多匠人到退休的年龄后，熟练工逐步减少。在这种情况下，日本被倒逼得只能使用"干式施工法"。与国内目前的施工方式相比，现在日本的新建住宅内装施工几乎都可以称为"装配式干式工法施工"。

Q 你经历过的装配式设计，包括施工中的典型案例，简单做一下介绍。

A 先介绍一下在日本的住宅项目业绩。我一共负责过三个大型集合住宅的设计工作，都是商住的综合体项目。深度皆为从"基本构想"到"实施设计"。第一个在东京附近的相模大

日本PARK COURT浜离宫项目THE TOWER商住综合项目

野车站，是轨道交通综合体项目。住宅在发售当天全部售罄，这在日本也是很少见，可见品质之高。这个项目的建筑主体现浇，不是PC的梁柱吊装。第二个项目在东京的武藏小杉，那里是最新的高端住宅区。因为地块周边情况较为复杂，所以这项目的两个塔楼主体也完全用现浇完成。第三个项目在东京的浜松町，是写字楼和住宅的综合体。邻近铁路，又在城市的正中心，对施工操作面积、环境保护和防止噪声的要求都很高，所以选择了框架结构的PC梁柱来装配它的结构主体。这跟国内的剪力墙结构PC的施工方式有很大差别，无论是结构体系的拆分、生产还是未来改造，都远远比中国的剪力墙结构更加实用。这三个住宅项目都是开发商产品系列中最高的等级，完全是精装修交付。内装的施工全部是干法施工的装配式装修，所有内装全部采用整体卫浴、架空地板、干式工法贴壁纸。这种施工体系已经是日本普遍的内装施工体系。

目前我正在负责东京正中心的一个再开发项目，是一个典型的TOD项目，汇集了高铁、地铁、城际铁路，还要加上磁悬浮车站，而且将来还要用BIM进行正向设计以及施工管理。这种项目设计师一生中也可能无法接触到一次，所以目前我把大部分精力都投入到了这个项目中。

Q 为什么日本的标准化建设成了体系？

A 日本虽然是一个经济大国，但面积比中国东三省还小，人口有1亿多，而且很多山脉，可供大规

模建设的城市区域很少。在这种情况下，它的主要城市区域的人口分布与我国目前的情况也比较相似。在人口密集的地方，必然会存在高度集约的建筑以及建设体系。日本的老龄化致使现场的技术工人数量——特别是瓦工——从十几万骤减到几万人。在这种情况下，现场根本没有办法实施抹灰等对个人技术要求比较严苛的工作。所以现在日本工地上普遍采用干式工法，与我国先进行砂浆、腻子、大白这些基层施工，然后贴壁纸不同。日本新建现场，都是在轻钢龙骨中填充隔音棉，后在双层石膏板上贴壁纸的做法。因为不用等大白、腻子、砂浆风干这个过程，耗时比我国短很多。还有在工期紧的情况下，大白不干就硬贴壁纸，最后会出现一些反潮、鼓包的问题，品质无法得到保证。所以日本的这种工法对整个工程施工的安排、整个工地时间进度的管控，比我国的传统工序要更加可控，品质更高。

Q 你在中国国内进行了什么样的装配式尝试？

从2011年开始，我就被日本国土交通省委派作为对接中国建筑设计集团的官方合作单位，做了两个中日装配式示范项目，虽然那时还对中国的建筑界不甚了解，但是凭着一股热情和日方的支持，还是有了一些成绩。后来的一些养老设施中也用到了整体卫浴和架空技术等，业主的反馈也非常好。

多福项目中老人在体验适老化整体卫浴

从2018年开始，我涉猎了一些家装项目。这里要感谢我的太太，她也是留日的设计师，她在沈阳多福小区的第一个"老旧小区适老化改造"中，积极采用了项目架空体系和整体卫浴，反响很好。

后来陆续辅助一些家装公司开发自己的装配式内装体系，虽然大面积推广还有一定难度，但是在技术体系上，日本的SI材料适配中国的新旧建筑体系的事实已经得到了验证。

Q　你觉得中国走装配式道路，日本有哪些成功的经验可以学习？

A　我的学生时期，在建筑史课堂上学到过，日本经济高度发展的时期，开始投入使用プレハブ住宅，类似我们目前的装配式拼装的概念。个人认为他们当年做出来的产品，还不如中国现阶段的装配式产品。我经历过很长一段穷学生时期，住过类似的旧房子，居住体验并不是特别好。但日本能发展到现在，是因为对每一款产品都进行多年近似于变态式的研究。我国的厂家非常适合去日本取经，因为中国人和日本人同属东方人体型。日本研究出的人体工学结果、原理，做细微的调整后，就可以应用在我们自己的整体卫浴或整体厨房上。比如日本人习惯泡澡，中国人很多只用淋浴，我们就可以把浴缸换成淋浴；我们中国人煎炒烹炸多一些，需要更强力的油烟机和炉灶，我们只需在日系产品合理的尺寸上，更加深化我们的功能模块。这样在未来的十年，中国厂商会做出更适合国情、更优质的产品。我更加希望未来我们的建材、部品也可以销往日本以及其他海外国家。

Q　你的求学是在日本的大学，你觉得日本的大学教育体系有哪些值得借鉴的？

A　中日两国的建筑学科教育有一定区别。中国建筑教育会把专业细分，例如暖通、结构、建筑等，入学后直接进入不同学科。日本建筑学科入学后，不急于分专业，所有学生课程相同，大三下学期开始分研究室，进一步选择自己的专攻，分为结构、计画、设计、设备、材料等专攻。这样的优点是，前三年接受统一体系的教育，开始工作后，因为了解结构、设备、材料的基础知识，建筑、结构、水、电、暖各专业间的对接不会有太大的障碍，彼此减少推卸责任的可能性，也同样减少了沟通成本。我在负责中国业务期间有一种体会：设计院内部的沟通存在一道无形的墙，并非为了把作品完成，推诿责任的情况屡见不鲜。"这跟我没有关系，是建筑这么定的"，"这跟我没关系，结构这么说的"……这样的责任推诿和彼此不理解会增加实施时的风险，同时也会降低工作的效率。

Q 日本的设计事务所，采取的是师傅带徒弟，并且很注重知识的积累，可以给新人一个权限查很多年前的整个会议记录等。中国这方面的积累可能有点欠缺，对吧？

A 建筑设计本身就是一个"人""经验""口碑"的积累过程。如果都是像"雇佣兵"一样临时组织的团队，品质自然难以保证。RIA有270多名正式社员，其实只是一个核心团队。我们拥有很多为我们服务了几十年的周边配合团队，比如景观、绘图、结构、设备等。当公司内部的团队来不及完成的情况下，这些常年交往的团队会为我们提供甚至更高水平的配合。所以就更需要将所有的"汇报""传达""沟通"做到极致，否则一定会出现非常多的问题。

Q 你觉得未来中国的设计师还有哪些方面可以提升？

A 中国的建筑师很多都非常在意自己的晋升空间，而往往忽略了自己的初心——"我为什么选择了建筑行业"。我所接触的很多优秀的设计师，他们在工作中无法得到快乐，所以很难持续努力，导致在三十几岁的时候放弃专业，或者在行业中放弃学习和提升。日本也同样经历过这个时期，所以未来的建筑设计行业会有很大的变化和分层，我自己同样需要跟紧时代的脚步。最近我也开始了BIM的学习和应用，BIM的正向设计一定是未来设计师必备的能力之一。

Q 中日两国在现场吊装方面有什么区别？

A 日本影响施工现场进度最大的因素就是吊装，吊装的速度直接影响下一步进程。日本现场吊装的时间管理做得非常缜密，效率极高。还有安全方面，日本的吊装会再三确认，安全第一，出事故的概率非常小。我国这方面在认知和思维上还稍有落后。

本次书中要介绍的装配式现场就是城市中心型的现场，非常重视吊装的时间安排。

Q 装配式设计跟传统的设计最大的不同点，就是建筑师把所有的设计工作前置过来了，比如说后面要考虑到它的加工和安装，后面工序的人员要一起商量这个图画出来以后怎么操作。日本前置工作是怎么做的？

A 我自己本身经历的是日本的教育与工作体系，而且只在一家设计公司工作过，可能我的经验仅代表一部分现状。我进入公司的第一个工作，就是从前辈手里接过一张大列表，密密麻麻地写满了建材厂商以及它们的联系方式。前辈让我逐个打电话沟通，每种建材、部品分别联系四到

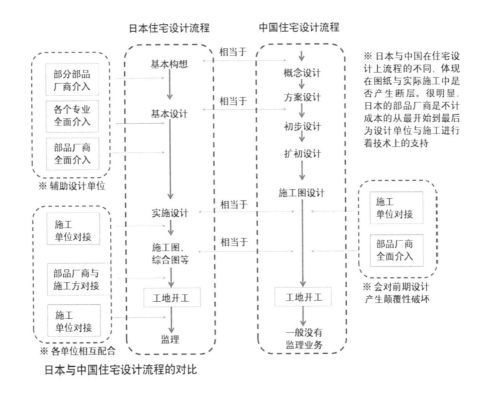

日本与中国住宅设计流程的对比

五个厂家，再把初期的图纸用PDF形式发出，让厂家针对我们的设计提供厂家图以及概算报价。从这个节点开始，我们的工作分成了两条线，一条是建造概算的制定，另一条是精细化设计。融合了厂家图的实施设计图纸，极大程度上防止了二次设计。即使现场遇到问题，依旧有迹可循，加强了现场的可控性。

Q　通过这么多年建筑设计的实践，你有哪些成功的体会？有哪些经验可以和大家分享？

A　成功还真不敢讲，很难说我自己是一个成功的设计师。但来日本二十年，我还能坚持在设计的岗位上，没有转行去做贸易，没有跳槽去做管理，我还是为我这份坚持感到骄傲的。每个项目建成后，一定众说纷纭，但无论怎样，对于我来说它是我职业生涯轨迹上的一个重要的节点。每个项目建成之后，我就会有一种满足感。这在日语叫"达成感"，中文叫"成就感"的感觉，是其他职业和工种无法体会到的。我无法给我的前辈设计师们提建议，但对于刚入行的设计师，我建议要多体会几次这种满足感，矢志不移地坚持自己的职业理想，否则工作五年左右就会陷入迷茫。我目前还在做设计的原因，是因为还在享受这种成就感和喜悦。

Q **你作为一个建筑师，有什么职业规划？**

A 近两三年我做的一些养老院，在业界的评价还不错，还得到了建筑学会奖和中国建筑奖（WAACA）。我觉得养老产业很值得关注，很多客户也慕名而来，仅在北京就有三个养老院的设计正在进行。但养老并不是一个暴利产业，它需要一种情怀，我本身也是抱着这种情怀在做设计。

我在日本有一些商住综合体、TOD项目的经验，这种建筑形式涵盖商业、住宅甚至一些医疗和养老机构，比较有挑战性。在积累了中日两方十年的设计经验之后，我希望可以利用这些经验，在自己祖国的土地上设计出更多的落地项目。

目前中国BIM技术的应用一定程度上超越了日本，特别是在一些施工模拟和管理上，我能够清晰地感受到在未来人力资源紧缺的情况下，"装配式+BIM"的模式也会发挥巨大的作用。

北京首开寸草亚运村养老项目

近年来，中国的老旧小区改造也会成为装配式融入家装行业的一个节点，我在沈阳的出租车上已经看到了"装配式装修"的字样，这让从2011年就开始介入装配式行业的我感到一丝成就感，也许建筑不一定是狭义的"单体项目"。能够为推动大潮袭来，奉献我自己的一份力，也是我整个职业生涯中的成果之一。

北京太和广源医养结合养老项目

北京公园大道某内装改造项目（家装改造）
※整体卫浴、一体式洗面台、整体厨房、定制家具、干式卫生间、轻钢龙骨隔墙、管线分离等

图1　从浜离宫方向看本项目

日本PARK COURT浜离宫THE TOWER商住综合体项目

——市中心塔式高端集合住宅

占地面积	0.7hm^2
建筑面积	6.57万m^2
用　途	商务、住宅综合体
规划设计	2010年~2019年
竣工时间	2019年
地　址	日本东京都港区

1 项目简介

浜离宫项目是以再开发模式推进的"城市中心型高端住宅"项目，其用途为住宅（商品房）、办公及其他小型功能组成。

浜离宫是日本引以为傲的皇家庭院，本项目选址与其相邻，可以俯视其全景，项目的名称也因其而来。

1.1 项目背景

本项目在交通方面拥有极强的优势，徒步可达5个电车车站，有10条线路可供乘坐，是典型的"城市中心+交通便利"类地块。且在银座商圈与品川商务圈之间，乘坐轻轨22分钟之内就可以抵达羽田国际机场。周边商务办公楼林立，加之有俯瞰浜离宫及东京塔的绝美夜景，让这个位于东京富人区"港区"的项目在竣工之前就备受全东京的瞩目。

图2 浜松町项目全貌

图3 项目周边示意图

从项目周边示意图和古地图可以看出此地块在江户时代就已经是人口密集的地区，所以在开发之前整个地区中既有公共道路，也有私有道路；既有小型的木造房屋，也有小规模的混凝土多层住宅和非耐火性建筑，很多建筑都属于昭和40年代（1965年）以前建设的旧耐震标准住宅。所以为了让土地活性化更加充分、提升地区的抗灾害能力，项目在十几年前就开始企划了。

由于日本为土地私有制国家，此处就不得不提日本的再开发体制。这个开发手法需要整合目前优缺点诸多的土地，建造出对城市、

图4　项目周边古地图

对地区更加有利的建筑体，同时也要兼顾商业价值。所以整合土地与协调规划需要很久的时间，开发周期也会较长，但新增的建筑面积以及为地区建造的新公共设施会让周边的土地价值得到明显提升。

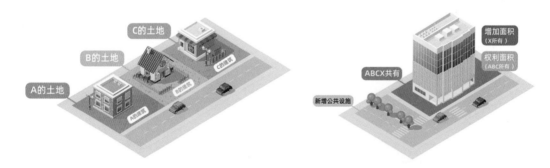

图5　日本再开发手法示意图

1.2　功能介绍

项目所在地寸土寸金，且临近日本最繁忙的轨道交通——山手线，所以声音和振动的因素是这个项目面临的最大难点。同时，施工期间如果出现意外，对轨道造成了损害，也会造成巨大的损失。

作为一个综合项目，还要集成幼儿园、办公室、住宅、停车场等综合功能。所以整个楼梯的功能划分规划难度相对也很大。由于办公楼与住宅的层高设备都不一致，本项目采用了钢结构进行设计。依靠日本先进的中间免震技术和管线分离技术，让住宅、办公与整体的公共区域能够完美地结合在一起。

办公建筑主体作为轨道交通对住宅的一个隔音屏障，又利用绿化和建筑手法降低轨道的振动与风速带来的噪声。由于地块面积有限，且需要大量的停车位，故采用了内部机械式停车塔楼设备，在控制下挖深度的同时也保证了建筑中应该保有的停车数量。

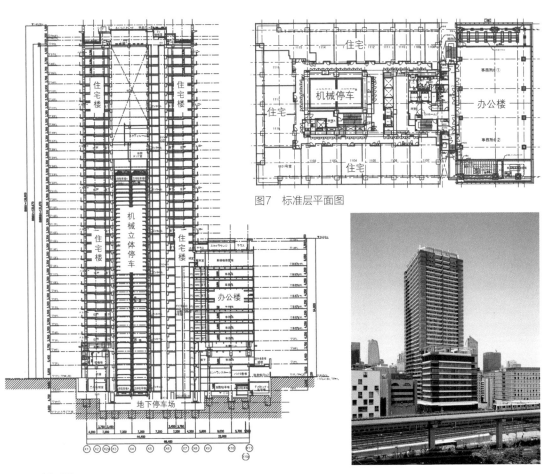

图6 剖面图

图7 标准层平面图

图8 从东南角看项目的全貌
（下方为山手线铁路）

1.3 住宅内部公共区域介绍

由于地处黄金地段，整个内部公共区域都是对标高级酒店的服务体系进行设计，整体的内装设计采用了"本格宅邸"的设计理念。

内部的学习室、会议室、健身房等都是未来居民可以共用的高质量生活空间。无论是ONE ROOM的独居人员还是3LDK的家庭居住，都可以针对相应的生活方式提供相应的服务。

同时内部还设有客房，便于小户型居民招待远方来客（父母、亲友等）。整个住宅采用宽大的阳台设计，对于具有引潮水入园的洄游式山水庭院"浜离宫恩赐公园"和东京塔夜景来说，也无疑是绝佳的观景场所，在家就可以将美景尽收眼底。

图9 主入口大堂

图10 内部会议室

图11 内部学习室

图12 电梯厅

图13 住宅主入口

2 关于SI技术的介绍

2.1 本地区的施工环境 & 必须利用装配式的原因

本项目位于城市中心区，周边环境也相对复杂，且施工过程不能有太大的噪声及粉尘，否则会引起周边的纠纷，让工程进度受到影响。这次住宅部分采用了装配式PC的做法，内装也使用了SI工

图14 由于地处城区中心地带，周边道路也极为狭窄，基本都为单行线，施工环境非常艰难

法的干式内装施工方式。

　　直到竣工，都没有因施工造成的延期。住宅为精装修交付，且完全没有拖延交房日期，可见日本建筑企业对工程的时间管理的精细程度。其中"SI工法"也就是国内称为"装配式施工"的工法起到了决定性的作用。

2.2　SI住宅的定义与特点

　　SI住宅是根据"OPEN BUILDING"的思想基础而开发出来的。由于建筑的Skeleton（主体，例如钢筋混凝土等）要比内部的Infill（填充体，例如内隔墙、地板、固定家具、水空间等）有更明显的长久寿命和耐久性，如果让内装耐久年限-建筑物自身年限的话，

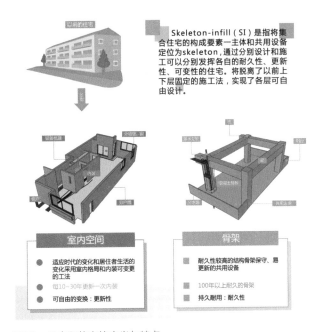

图15　日本SI住宅的定义与特点

会造成极大的社会资源浪费与生活质量下降。所以SI住宅的基本定义是，"建筑主体不变，内外装可以不断更新的建筑"。

3　日本住宅的装配式施工介绍

　　无论设计还是部品，都是为了最终实现完美的施工而做的准备。日本大型集合住宅的施工通常采用TACT施工方式进行施工推进与管理。TACT的本意为"乐队的指挥棒"，寓意为工地会像乐队一样井然有序且有节奏地推进。

　　高层建筑工程中，通过模数化设计和部品配套，某一层（或一个区域内）的作业模式基本相同，各工种（主体工程、装修工程、设备工程）所需天数也基本确定，连续且重复的施工作业在人员与时间安排上如果得当，从工厂生产到施工现场，从材料搬运、起重到检查、管理的施工进程，都可以更加井然有序。

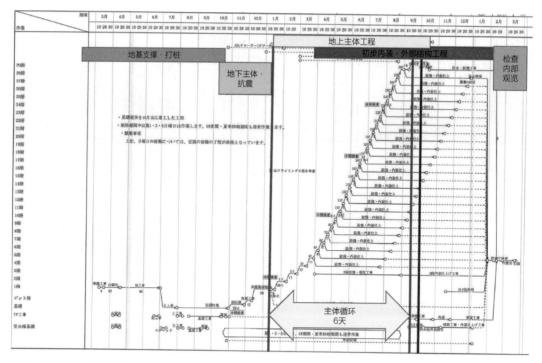

图16　项目中TACT工程表

本项目建筑主体施工为6天一循环，材料搬运、起重规划要配合6天建一层的进程，其他工序（内装、设备工程）也要以6天为一循环（一层）进行作业，检查也要严格依照6天一层的进度推进。

这里用施工计划中的两天来进行举例。下图为现场第四天和第五天的施工安排，可以看到工地分为两个工区，每6天需要进行一个施工的循环（Circle），包括所有的吊装计划、人员配备、资材调配，甚至连电梯的行进计划都需要依据这个计划稳步推进。

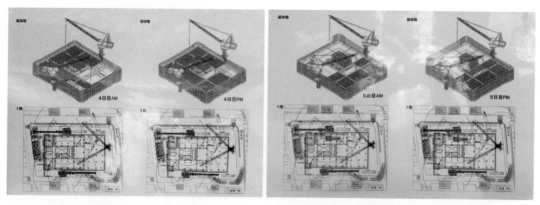

图17　PC吊装计划图（第四天、第五天）

下图为PC梁的吊装现场，要在稳步、安全的状态下进行施工的推进，才能确保项目的最终完工。这种施工的方式也可以让施工人员从相对重复率较高的工作中体会到成就感和施工的乐趣，同

图18 实际PC吊装（PC主梁）

时完美的分工计划也可以大大避免不必要的人员支出，做到基本的成本管控。

本项目由于临近周边的住宅、酒店、轨道交通，粉尘、噪声以及各种危险因素促使项目采用了PC装配式的主体施工方式，最大限度地减少了对周边环境的影响。在操作界面太小的情况下，吊装、捆扎、浇灌混凝土等作业都难以达到多人施工，且严重影响效率，在这种施工的环境下，PC主体装配式就成了非常有竞争力的选择。

但在这种情况下，吊装的时间安排以及践行计划的执行力就变得尤为重要，这也是日本的建筑工地一般不愿意接待外界参观人员的原因之一。

4 SI住宅的技术体系

4.1 SI住宅中的结构体系

由于日本房屋对耐震性能的要求较高，大部分建筑为框架结构（剪力墙结构基本不会超过7层以上），所以内部基本为大空间，适于各种不同户型的设计和改造。这种优点目前被我国部分高端商品住宅采用（俗称大平层），虽然为剪力墙结构，但与框架结构有异曲同工的效果。

主体的PC占日本施工的比率并不高，只有具备绝对成本和施工便利性优势时才会采用PC装配。日本目前很少用剪力墙结构的PC构件，所以PC的使用需要因地制宜，不可盲目跟风。

但是关于内装，无论是钢结构、钢筋混凝土结构，还是木结构，可以说基本上贯彻了干式工法的装配式内装的技术体系。

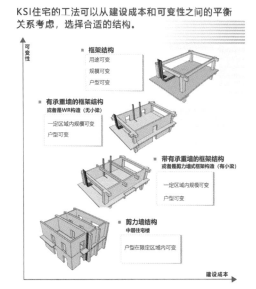

图19 日本SI住宅中结构体系种类的划分

4.2　中日住宅设计上的区别（流程、设计习惯）

我国的设计人员来到日本，往往惊叹于日本住宅内部的产品精良、做工精巧。同样没有决定某个部品采买权力的日本设计师与我国设计师在设计工作中对比之后（下图），日本设计师具有掌握并成功地运用各种部品的特性、优势的能力和素质，可以做到在施工过程中保证自己的设计理念得到贯彻。

日本的住宅设计流程大致可以分为"基本构想、基本设计、实施设计和施工图设计、监理"

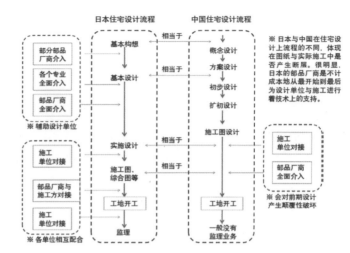

图20　日本与中国住宅设计流程的对比

几部分。笔者将日本建筑设计流程与我国的"概念设计、方案设计、初步设计、扩初设计、施工图设计"做了对比，从每个节点的过渡上可以看出，日本与中国在设计上的顺序、进程是基本相同的，也不乏可以相互借鉴的部分。

5　SI工法住宅内装的技术体系

5.1　六面架空体系

日本的装配式内装通常采用六面架空体系，也就是架空地板、轻质隔墙、集成吊顶等技术支撑下的综合内部结构体系。它可以充分解决管线铺设、墙面找平、噪声隔绝、未来改造等技术难点。

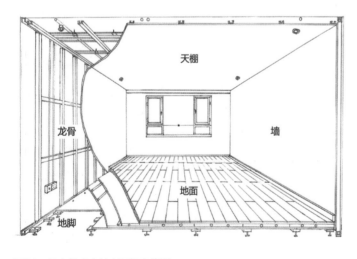

图21　日本住宅中的六面架空体系

图22　SI住宅的微缩模型

5.2　隔墙体系（ALC墙体和LGS墙体）

日本装配式内装墙体主要采用两种体系——ALC（加气混凝土板材）和LGS（轻钢龙骨墙体）。日本的内装墙体无论PC还是现浇精度都很高，内装中会用干式工法来做隔墙，主要原因为可以提高施工效率、减少施工人员及未来容易改修。在我国，由于主体完成面精度不高，此项技术也可以被用于对墙体的找平，为下一步工序的推进创造良好条件。

5.3　LGS隔墙对住宅性能的提升

轻钢龙骨隔墙中架空部分内部空腔需要填充隔音棉，空腔内可以排布电气管线、开关、电灯、插座等电气设备，同时可以作为室内保温材料的填充空间。架设完毕后是石膏板工序，双层石膏板厚度不同，目的是避免共振产生的隔音问题。采用这种轻型墙体，可以方便未来房屋内部的改造以及建筑垃圾的回收。一般在设计阶段，就会确定有加固需求的位置（例如空调背板、画框背板、扶手背板等位置），用木板或者钢板加固。日本内装面材一般为壁纸，可以提高施工效率，墙和顶五面都会采用壁纸，这样既环保、又不容易开裂，所以日本的新建住宅内装基本告别了湿作业涂装的工序。下面是日本建筑学会对轻质隔墙的隔音要求，其中很多标准和细节是远高于我国的砌筑隔墙的。

图23　LGS轻钢龙骨（墙面体系）

图24　ALC（加气混凝土板材）隔墙

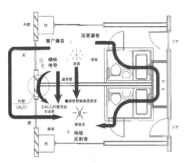

图25　住宅漏音示意

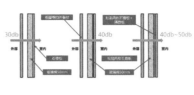

图26　各种隔墙的噪声透过率

图27　加厚石膏板后（未贴壁纸）

日本建筑学会隔音性能基准：集合住宅户间墙的推荐数值　　　　　　　　表1

	1级	2级
目标值（D值）	D-50	D-45
隔音性能（TLD值）	TLD-60相当	TLD-60相当

日本建筑学会隔音性能基准：关于室内音压水准差的适用等级 表2

建筑物	房间用途	部位	适用等级			
			特级	1级	2级	3级
集合住宅	居室	户间墙	D-55	D-50	D-45	D-40
酒店	客房	客房间墙	D-55	D-50	D-45	D-40
办公	私密空间	室内隔墙	D-50	D-45	D-40	D-35
学校	普通教室	房间隔墙	D-45	D-40	D-35	D-30
医院	病房	房间隔墙	D-50	D-45	D-40	D-35

日本建筑学会隔音性能基准：隔音适用等级的解读 表3

适用等级	隔音性能水准	性能水准要求
特级	具有特别的隔音性能	在要求特别高的性能水准情况下
1级	具有好的隔音性能	建筑学会推荐的优良性能水准
2级	具有标准的隔音性能	一般的性能水准
3级	具有稍差的隔音性能	万不得已的情况下可以使用

图28 各种LGS的细节处理

5.4 装配式中水空间的重要部品——整体浴室

5.4.1 什么是整体浴室（UB）

整体浴室是非常有代表性的装配式内装部品，日本的厂家通过常年对人体入浴习惯以及人体工学的研究，在有限的空间内实现了舒适的水空间设计。同时，也将本来最需要耗费人力工时的水空间施工时间控制至最短；且在发生漏水、堵塞时，比深埋在混凝土内部的管线更加方便更换与维修，即使在发生堵塞的时候也可以用产品自身的检修口快速检修疏通。传统浴室的地漏反味问题也会在整体浴室中得到缓解，因为整体浴室中有自己的封水构件，且为工厂一体化生产，精细度和使用寿命大大优于传统浴室。本项目中的整体卫浴有别于其他项目，采用瓷砖型的UB，在感官上更加高级，但在施工上确实会增加部分造价与人工成本。

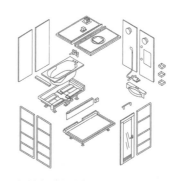

图29 整体浴室结构图

图30 整体浴室

5.4.2 整体浴室在施工上的优势

UB由于是干式工法，整体拼装，对于此种中心区域项目的施工更有优势。下图为施工中的细节照片，所有的管线在楼板上一目了然，结合后续说明的架空地板体系，不仅大大节省了工期，也方便未来检修与改造。

图31 UB工法施工现场　　　　　UB周边管线　　　　　　　UB外墙LGS　　　　　　　UB支持脚

5.4.3 地面架空体系

地面架空体系是用点式地脚支撑形成架空基层，其上铺装装饰面材的体系。点式地脚有树脂材质和金属材质两种，均在日本广泛使用。架空基层的构成是由装饰面层的材性决定的。偏刚性的面层（如瓷砖、石材）需整体刚度大、相对位移小的基层支承；偏柔性的面层（如木地板、卷材、地毯、榻榻米）对基层刚度要求略低。合理的布点支承和刚柔适度的基层构造是技术关键，避免使用后出现异动、异响、开裂、鼓起等现象。下图是某项目大部分为木地板面层（玄关除外）的点式地脚和基层排布图。

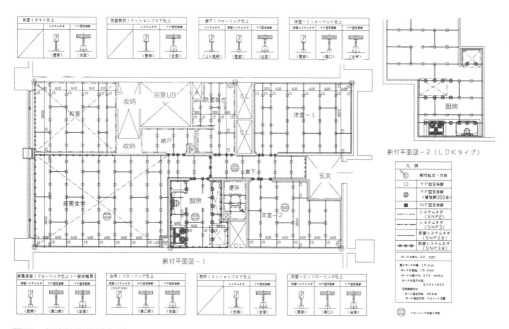

图32 架空地脚的排布图

地脚螺栓	架空地板	UB部分收口	玄关处地板
厨房处地板	局部处理	隔墙处	板材

图33　地板施工现场图

6　装配式住宅中的人体工学——部品产品设计

6.1　水空间中的部品与产品

依据SI理论基础，在Infill（填充体系）中蕴涵了日本在人体工学、材料学、流体力学等领域的成就，为人们的舒适生活服务。

本项目中的洗面台基本采用了一体式压制成型的台盆，同时配有诸多便于生活的收纳体系，让多年积累的生活以及产品开发经验能够真正为居住者服务。

日本的水空间部品，由于经过多年设计推敲与论证，具有极大的模数性和泛用性，在建筑设计过程中也为设计师提供了极大的方便，减少了建筑物内部的不安定因素。

在系统收纳、使用细节、便于清洁、美观上都让人倍感舒适，并且在人体工学上更加符合东方人的体型与劳动、使用习惯，让用户在生活中感受到关爱与便利。

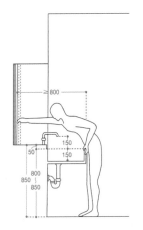

图34　样板间中的洗面台

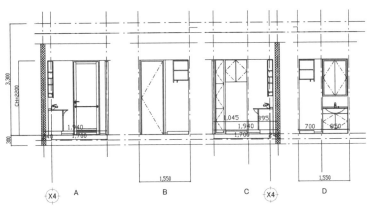

图35　盥洗空间（洗面台等）空间展开图

图36　标准户型中的洗面台

6.2　厨房中的部品与产品

　　建筑设计师在设计阶段对生产厂商的产品模数的认识源于多年来的设计经验，产品设计师则来自更加长久的基数积累，每一个生活用品的尺寸不是由一两个项目推敲而来，而是经过长年累月数据的搜集和兼容性的研究，并且结合人体工学的科学研发得来，同时设计师还要对终端市场的回馈进行调整。

　　设计师、施工单位在设计阶段，通过了解客户的需求，明确哪一部分是标准产品，哪一部分是非标产品，从而进行各个房间中细微的设计变更。让整个建筑、内装设计更加人性化，同时进行更长远的积累。

　　日本的各大部品厂商都是具有数十年案例积累和研究的机构，它们的每一个产品都凝聚着几代人的思维和使用经验。

图37　洗衣机托盘、临洗台盆

图38　厨房中的尺寸

图39　封闭式厨房　　　　　　　　　图40　开放式厨房　　　　　　　　　图41　部品安装

　　在安装阶段更是以干法施工为基础，方便一次施工和未来更换管线等改修动作。

7　结语

7.1　全生命周期住宅的必然性

　　此次项目为城市中心型的高端住宅，但是在日本即使最便宜的廉租房也干净舒适，且配备了功能性很强的部品体系（可以参考日本都市机构UR的技术体系）。这足以证明用材是否高端与工法是否合理并不产生直接的关联，这一点值得我国的很多开发商借鉴。

　　从住户的全生命周期角度来看，人在不同的阶段有不同的需求，而步入老年阶段后，对住宅的需求会发生一定的变化。住宅与人的一生朝夕相伴，生活所必需的各类部品、管线部分在传统工艺的建筑中不能随意调整，不便于实现空间功能的变化。

　　装配式住宅提倡新型建造方式和技术手段，实现部品体系标准化和模数化。装配式内装中提倡以工业方式完成部品生产，施工现场采用干作业施工，这对于建筑本身而言，不仅在施工阶段能够减少对环境的影响，还具有方便维护、方便建筑材料的回收再利用等优势。对于居住者来说，也是未来可循环更新、不动产保值的有效手段。

7.2　中国住宅内装装配式的趋势

　　日本的建筑业界在面临"用工荒""成本高""缺少地"的多种困境的情况下，采取了"装配式工法"的对应手法，将湿作业对建筑行业的不良影响降到最低，大大提升了建筑的工业化，提高了效率与经济性。

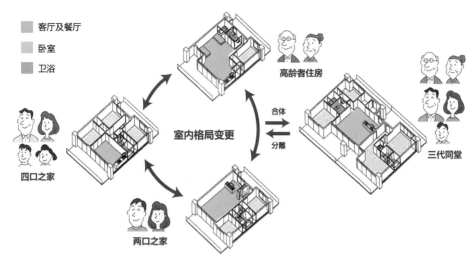

图42　全生命周期住宅定义

在新冠疫情和各种经济内卷之后，我国同样会遇到这样的窘境，不能仅仅是大规模的新住宅开发。笔者也多次与家装中"二次装修"和"老旧小区改造"一线施工管理人员进行讨论，未来施工现场中的人员一定要向"专业化""匠人化""职业化"转变，装配式的部品开发及施工手法也会逐渐成为主流的施工趋势。

参考文献

1. 刘东卫. 百年住宅——面向未来的中国住宅绿色可持续建设研究与实践[M]. 北京：中国建筑工业出版社，2018.

2. 周静敏. 工业化住宅概念研究与方案设计[M]. 北京：中国建筑工业出版社，2019.

3. 尹红力. 内装工业化对日本住宅设计流程的影响——与中国住宅设计现状对比[J]. 建筑学报，2014.7，551.

4. 北京维石住工2019年版产品介绍手册.

5. 日本国土交通省的调查，建設工業施工統計調査報告（2014年実績）.

6. 日本市浦设计2009年百年住宅演讲资料.

7. UR八王子展厅相关展示资料.

8. 日本PARK COURT浜离宫THE TOWER竣工照片.

项目设计负责人：堀池诚　姜延达

项目信息整理人：姜延达　尹红力

企业概况

中亿丰罗普斯金铝业股份有限公司成立于1993年

2010年在深圳证券交易所成功上市

集专业研发、生产和销售铝合金型材门窗及幕墙的大型上市企业

占地约47万平方米

完整产业流程 核心品质控制

从铝棒熔铸、建筑铝型材生产到成品门窗制作

旗下品牌

罗普斯金·LPSK罗普斯金门窗 系统门窗

罗普斯金·SENCH善科 工程铝型材

罗普斯金·INNOK因诺 成品艺术门窗

您 身 边 的 铝 行 家

中亿丰建设集团

始终把科技创新放在发展大局的核心位置

资源共享、跨界研发

以人为本、以和为贵、合作致胜

以项目为本，文化为脉

助推企业转型升级、和谐发展

企业核心价值观：信为本 诚为基 德为源

企 业 使 命：安居乐业好生活

企 业 愿 景：缔造一流城市建设服务商

中建科技有限公司简介

深圳市长圳公共住房及其附属工程

该项目是装配式公共住房项目，秉持"住有所居""住有宜居"的理念，为深圳"双范"城市建设探索和铺路。

装配式内装是装配式建筑的四大组成部分之一，长圳项目户型设计采用"有限模块，无限生长"的设计思路，遵循以人为本和模数协调的原则，以标准化设计、工厂化生产和装配化施工为主要特征，实现工程品质和效率的提升。

中建科技集团有限公司（以下简称"中建科技"）是中国建筑集团有限公司开展科技创新与实践的"技术平台、投资平台、产业平台"。

中建科技始终秉承"科技引领、创新共赢"的经营理念，以"智力＋资本"赋能合作发展、以"产品＋服务"实现价值创造，通过充分发挥在智能建造、绿色建筑、未来城市等领域"规划—研发—投资"优势，以智力为牵引、以资本为纽带，与客户建立同盟伙伴关系，整合全要素产业链，为城市建设提供解决方案，推动未来城市迭代升级；通过着力塑造"工业化、数字化、一体化"生产方式融合的建造模式，以新材料、新工艺、新设备的持续创新能力，实现"设计＋制造＋施工＋运营"全过程贯通，为客户提供高品质建筑产品和高附加值的城市建设；通过全面做强规划设计、投资建设、工程建设和运营服务等业务板块，推进产业链、创新链和价值链高效融合发展。

中建科技拥有装配式建筑设计研究院，全面引进德国PC工厂综合生产线，实施"研发+设计+制造+采购+施工"一体化建造模式，组织实施装配式超低能耗建筑项目，运用超低能耗被动式技术实施既有建筑节能改造，打造装配式建造智慧建造平台，在PC工厂研发应用钢筋笼绑扎机器人。

中国建设科技集团
上海中森建筑与工程设计顾问有限公司

科技成就建筑，设计添彩生活

专业　创新　诚信　卓越

上海中森建筑与工程设计顾问有限公司成立于2005年，是中国建设科技集团股份有限公司所属一级子企业，是"国家装配式建筑产业基地"，中国建筑学会"科普教育基地"。

中森设计于2006年启动装配式建筑设计的研发与实践，成立装配式工程研究院、室内工程设计院，从事建筑工业化相关的全过程研发、设计及高效产品应用。以各类装配式建筑体系与相关部品部件的研发与应用为技术核心，实施装配式混凝土、钢结构和木结构建筑的全过程咨询与设计服务，整合产业上下游企业，助力建筑工业化发展。

上海市同普路800弄，臣风大厦

中意生态园
6,500 ㎡
上海虹桥
室内工程设计院

深圳平安金融中心北塔

中建一局集团建设发展有限公司
CHINA CONSTRUCTION FIRST GROUP CONSTRUCTION & DEVELOPMENT CO., LTD.

国家游泳中心

望京SOHO

西安三星装配式电子厂房

中建一局集团建设发展有限公司（一局发展），成立于1953年。

一局发展深度推进国内、国外两大市场布局，以房建业务为核心主业，全面实施基础设施、投资建造、EPC业务和环境治理业务为代表的新业务，为实现企业目标拼搏奋斗。

北京CBD建筑群

描绘首都天际线

BIOPHILIA HOUSE
功在"当代"利在千秋

当代地产
BIO 亲生命健康居住标准

四大创新研发
构筑当代BIO亲生命居住

☉ WELL认证证书

健康材料
创新应用
BIOPHILIA HOUSE 01

"无甲醛"高分子纳米专利基材、高科技铝板、高科技节能玻璃等健康材料的不断研发与应用。

一体化
装配式工艺
BIOPHILIA HOUSE 02

携手国内龙头装修上市企业"亚厦&金螳螂",采用一体化装配式装修,杜绝传统装修的质量通病。

四恒系统的
创新应用
BIOPHILIA HOUSE 03

通过主控智能系统统一控制,让室内始终保持恒温、恒湿、恒氧、恒净状态。

加快AI、传感器在
人居建设领域的应用
BIOPHILIA HOUSE 04

室内环境实施监测,营造24小时健康居住空间,从人居入手,共建设数字中国。

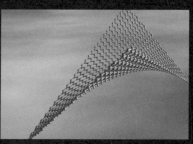

☉ 健康材料,创新应用

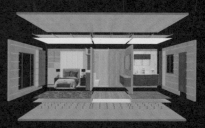

☉ 装配式工艺

DONDE
Biophilia
BIO系

DONDE
当代资产
健康恒产

BIOPHILIA HOUSE

当代地产 BIO 亲生命系产品

当代地产 BIO 首作
国内首例"无甲醛"装配式装修项目

中国·成都·武侯新城

当代·璞誉 效果图

深研武汉环境，因地制宜匠造BIO3.0
构筑主城一线临湖亲生命大宅

中国·武汉·南湖北岸桂湖路9号

当代·天誉 效果图

千年文明景泰蓝&当代BIO
真正可传承的城市院墅

中国·成都·东三环

当代·璞世 效果图

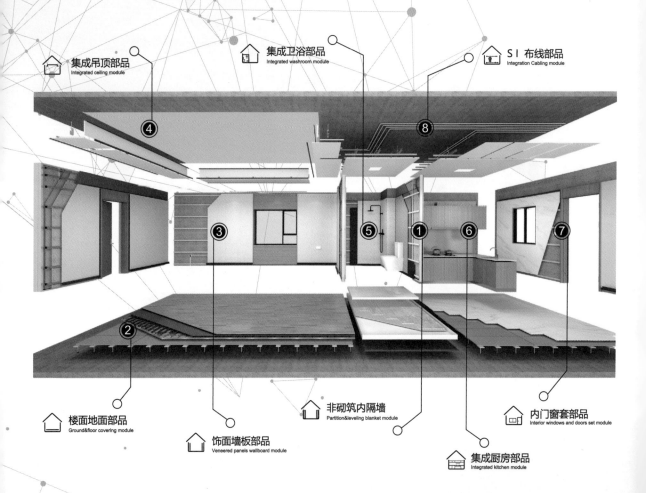

用科技让装修变简单
Assemble for simple

集成吊顶部品
Integrated ceiling module

集成卫浴部品
Integrated washroom module

SI 布线部品
Integration Cabling module

楼面地面部品
Ground&floor covering module

饰面墙板部品
Veneered panels wallboard module

非砌筑内隔墙
Partition&leveling blanket module

集成厨房部品
Integrated kitchen module

内门窗套部品
Interior windows and doors set module

品宅CARR®卡瑞V3.0装配式内装部品体系

上海品宅装饰科技有限公司
SHANGHAI PINZA DECORATION TECHNOLOGY CO.,LTD

地址:上海市徐汇区桂林路402号76幢310室/上海市嘉定区马陆镇励学路535号
官网:www.pinza.com.cn   电话:139-1724-3731

上海·北京·深圳·杭州·苏州·广州·宁波·嘉兴·成都·重庆·武汉·天津·南昌

About Pinza

关 于 品 宅 装 饰 科 技

精装住宅

上海品宅装饰科技有限公司成立于2015年，是行业先进的装配式装修解决方案提供商。专注于装配式内装的技术研发和部品生产，已累计获取多项荣誉奖项。

品宅装饰科技拥有强大的研发设计与供应链集成能力，自主研发了品宅CARR®卡瑞装配式内装部品体系，并建立了智慧化供应链系统，专注于精装住宅、租赁住房、连锁酒店等行业，为客户提供装配式内装设计顾问咨询、内装EPC，以及装配式内装部品供应一站式服务。

品宅装饰科技生态链下设多个业务单元，构建起了从设计到施工，从工装到家装的全场景服务能力。目前，品宅装饰科技已服务万科、景瑞、旭辉、华润、招商、上海地产等知名开发商、公寓运营商，及首旅如家、锦江、格林、华住等酒店集团，整装交付量数万套。

租赁住房

连锁酒店

商业办公

致谢

顾勇新

改继《装配式建筑对话》《装配式建筑设计》《装配式建筑案例》《装配式建筑EPC总包管理》四本书出版后，《装配式建筑施工》如约而至。

作为系列丛书之一，本书从结构施工、内装施工的角度，重点介绍了装配式建筑的成功尝试和经典案例。本书以"访谈"为基本形式，辅之以现场案例的考察，因此更加贴近从业者的体会。这些案例由10位专业人士引领，他们有建筑师、结构工程师，也有项目经理。作为装配式施工的探索者和先行者，他们身处行业时代巨变的前沿，生逢其时的每一天都是在创造历史，每一个维度、每一刻都值得我们以客观专业的方式来记录。他们从各自的专业视角出发，坦言在新建造模式探索中的艰难坎坷、心路历程及学术感悟，对装配式建筑的生态环境阐述自己的见解，赤诚之心溢于言表。借此我向他们深表感谢，他们是（排名不分先后）：

中亿丰建设集团股份有限公司总工程师，研究员级高级工程师李国建；

中建一局集团建设发展有限公司高科技厂房第四事业部总经理，高级工程师王东锋；

中建科技集团有限公司深圳分公司设计院副院长，高级工程师蒋杰；

中建八局李磊装配式建筑施工科技创新工作室负责人，上海交通大学医学院浦东校区项目经理，高级工程师李磊；

上海宝冶集团有限公司项目经理宝冶建工青年科技创新团队带头人，高级工程师范振江；

同济大学建筑学博士，现任当代地产成都公司董事总经理，当代地产武汉鼎顺瑞城房地产开发有限公司董事长汪斌；

上海品宅装饰科技有限公司创始人兼CEO，国家注册建筑师向宠；

中建科技集团有限公司规划设计研究中心技术总监，一级注册建筑师李文；

中国建筑科技集团上海中森建筑与工程设计顾问有限公司室内